U0197868

计算机技术开发与应用丛书

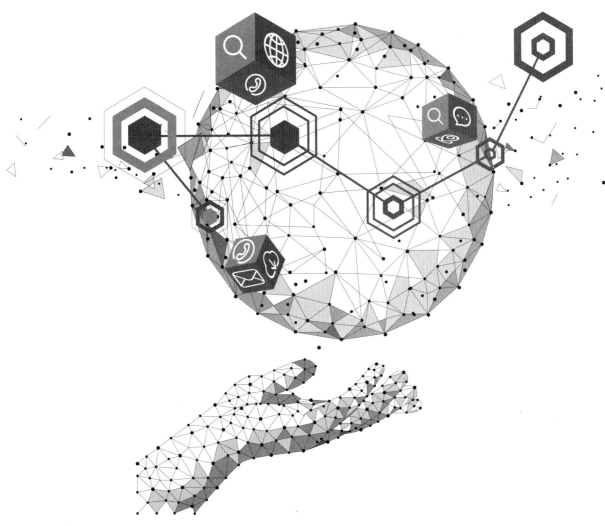

边缘计算

方　娟　陆帅冰◎编著

清华大学出版社

北京

内 容 简 介

边缘计算是为计算机科学与技术、信息安全、物联网工程、软件工程等专业本科生开设的一门学科基础选修课,旨在使学生了解当前物联网行业发展新技术,并能够正确认知其发展方向。本教材以当前万物互联的环境为背景,结合5G网络发展,系统讲述了边缘计算的基本概念、相关技术及应用模型,介绍了云计算、雾计算、移动边缘计算等相关技术,并结合范例分析边缘计算技术发展及应用现状,同时提出了边缘计算领域的一些机遇和挑战。每章均有小结,使读者对各章的内容能清楚地理解和掌握。

全书共7章,分别介绍边缘计算的基本概念、系统架构、相关技术、边缘计算与云计算、边缘计算与雾计算、移动边缘计算及边缘计算范例。

本书涉及的内容广泛,技术思想凝练,突出核心原理和关键技术的阐述,在编写过程中力求做到内容充实新颖,使读者在学习中增强对边缘计算的了解并掌握相关技术,既可满足计算机相关专业本科生的需要,也可作为从事边缘计算相关工作的专业人士的参考读物。

本书封面贴有清华大学出版社防伪标签,无标签者不得销售。

版权所有,侵权必究。举报:010-62782989,beiqinquan@tup.tsinghua.edu.cn。

图书在版编目(CIP)数据

边缘计算/方娟,陆帅冰编著. —北京:清华大学出版社,2022.9
(计算机技术开发与应用丛书)
ISBN 978-7-302-61200-1

Ⅰ.①边… Ⅱ.①方… ②陆… Ⅲ.①无线电通信-移动通信-计算 Ⅳ.①TN929.5

中国版本图书馆 CIP 数据核字(2022)第 116588 号

责任编辑:赵佳霓
封面设计:吴　刚
责任校对:韩天竹
责任印制:刘海龙

出版发行:清华大学出版社
　　　　　网　　　址: http://www.tup.com.cn, http://www.wqbook.com
　　　　　地　　　址: 北京清华大学学研大厦 A 座　　　**邮　　编:** 100084
　　　　　社 总 机: 010-83470000　　　　　　　　　　**邮　　购:** 010-62786544
　　　　　投稿与读者服务: 010-62776969, c-service@tup.tsinghua.edu.cn
　　　　　质量反馈: 010-62772015, zhiliang@tup.tsinghua.edu.cn
　　　　　课件下载: http://www.tup.com.cn, 010-83470236
印 刷 者: 北京富博印刷有限公司
装 订 者: 北京市密云县京文制本装订厂
经　　销: 全国新华书店
开　　本: 186mm×240mm　　**印　张:** 12　　　　　**字　　数:** 170 千字
版　　次: 2022 年 9 月第 1 版　　　　　　　　　　**印　　次:** 2022 年 9 月第 1 次印刷
印　　数: 1～2000
定　　价: 59.00 元

产品编号:085790-01

前言
PREFACE

物联网的蓬勃发展和富云服务的成功推动了一种新计算范式的发展,即"边缘计算"。边缘计算作为一种新型计算模型,是指在靠近物或数据源头的网络边缘侧,融合网络、计算、存储、应用核心能力的分布式开放平台,就近提供边缘智能服务,满足行业数字化在敏捷连接、实时业务、数据优化、应用智能等方面的关键需求。边缘计算的产生为解决响应时间要求、带宽成本节省及数据安全性和隐私性等问题提供了新的方法和思路。本书介绍边缘计算的定义及边缘计算相关技术,首先以上层云计算为出发点,从多维度分析服务由中心向边缘推送的过程;然后对一些相关案例进行研究,包括智能家居、智慧城市、协作边缘等,阐述边缘计算的概念及应用;最后,提出了边缘计算领域的一些机遇和挑战。

本书以边缘计算技术发展为主线,从边缘计算的基本概念、系统架构、相关技术到云计算、雾计算、移动边缘计算及相关范例均做了详细说明。本书章节安排合理,作者在多年为物联网工程专业本科生教学的基础上,由浅入深、理论联系实际,将边缘计算的基本概念及原理系统地呈现给读者。

全书共分 7 章。

第 1 章介绍边缘计算概念的由来,并分别从时间和技术发展角度介绍了边缘计算的发展历程,在此基础上介绍了边缘计算发展的相关模型。第 2 章介绍边缘计算系统架构,在介绍边缘计算基本概念的基础上,分别介绍边缘计算模型及架构、卸载技术、资源管理及安全与隐私保护。第 3 章介绍边缘计算相关技术,并对新兴的边缘计算系统做概要介绍。第 4 章从云计算基本概念出发,介绍包括云计算基础模型、参考架构、使能技术等概念,多维度分析比较边缘计算与云计算之间的差异,并对主流的边云协同服务框架做概要介绍。第 5 章从雾计算基本概念出发,介绍典型的基础架构 OpenFog 及该架构下的应用实例,从体系结构、数据处理及数据通信三方面对边缘计算与雾计算之间存在的差异进行分析比较。第 6 章介绍移动边缘计算的基本概念及其整体系统架构与组件,并结合 5G 通信技术的发展,介绍移动边缘计算与 5G 技术的相互影响,同时还介绍了移动边缘计算的部分部署场景。第 7 章介绍基于边缘计算模型设计的若干应用场景,包括智慧城市、智能交通、智能家居等,并分析了边缘计算未来的机遇和挑战。

本书涉及的内容广泛,技术思想凝练,突出核心原理和关键技术的阐述,使读者在学习中增强对边缘计算的了解并掌握相关技术,可作为计算机科学与技术、信息安全、物联网工程、软件工程等专业的本科生和有关专业研究生的教材,也可作为从事边缘计算相关工作的专业人士的参考读物。

本书的先修课程是“计算机组成原理”和“物联网工程导论”,课程“边缘计算”也可以与“计算机系统结构”“操作系统”“编译原理”等课程同时开设或在之后开设,参考学时是 32 学时,可根据情况调整。

本书由北京工业大学方娟、陆帅冰编著。感谢北京工业大学的相关老师和研究生对本书提出的修改建议。清华大学出版社为本书的出版做了大量工作,在此表示衷心的感谢。

由于计算机技术发展迅速,加上作者水平有限,书中难免有不当之处,敬请广大读者批评指正。

方娟　陆帅冰

2022 年 3 月

配套资源

目 录
CONTENTS

第 1 章

边缘计算

1.1　什么是边缘计算

15min

自 2005 年以来,云计算的发展已经极大地改变了人们的学习、生活和工作方式。例如,诸如 Google Apps、Twitter、Facebook 和 Flickr 之类的软件即服务(Software as a Service,SaaS)实例在人们的日常生活中已被广泛使用。此外,可扩展的基础架构及为支持云服务而开发的处理引擎也极大地影响了业务运营方式,例如 Google File System、MapReduce、Apache Hadoop、Apache Spark,以此类推。物联网(Internet of Things,IoT)作为后云时代的一种新范式,最早在 1999 年由麻省理工学院(Massachusetts Institute of Technology,MIT) Auto-ID 实验室的 Kevin Ashton 教授提出并用于解决供应链管理问题。物联网的基本思想是将人们周围普遍存在的各种事物或物体——例如射频识别(Radio Frequency Identification,RFID)标签、传感器、执行器、移动电话等——通过独特的寻址方案,能够进行相互交流,并与邻居合作以达成共同目标。随着物联网技术的飞速发展,万物互联的时代快速到来,各类智能移动设备爆炸式增长,移动互联网产业结构正在发生前所未有的深刻变化并逐步向移动大数据时代演进。据全球移动通信系统协会和国际数据公司(International Data Corporation,IDC)预测,到 2025 年,移动终端规模预计达到 252 亿台,全球数据总量将达到 175ZB。如此持续快速的数据量增长推动了整个计算模式的演变,增强/虚拟现实、智能驾驶、动态内容交付等一系列资源密集、敏感延迟型应用相继出现并被广泛使用,这些新兴物联网应用对网络边缘侧业务的实时管理和智能分析提出了更高的要求,而传统云计算的效率不足以支持这些应用程序。富云服务的成功及物联网的蓬勃发展推动了一种新计算范式的发展,即"边缘计算",它要求数据的处理在网络边缘处,通过将计算能力从云数据中心扩展至网络边缘,为实现万物互联提供技术支持。边缘计算的产生为解决响应时间要求、带宽成本节省及数据安全性和隐私性等问题提供了新的方法和思路。

边缘计算是指在靠近物或数据源头的网络边缘侧,融合网络、计算、存储、应用核心能力的分布式开放平台(架构),就近提供边缘智能服务,满足行业数字化在敏捷连接、实时业务、数据优化、应用智能、安全隐私保护等方面的关键需求。它可以作为连接物理和数字世界的桥梁,使能智能资产、智能网关、智能系统和智能服务。边缘计算是构成物联网生态系统的诸多元素的一个子集,它剔除了管理、安全和分析功能,对集中的物联网生态系统进行完善,以满足时延限制,交付业务价值。

1.2 边缘计算发展历程

边缘计算作为一种弹性、开放、协作的系统,其相关技术的发展一直备受学术界和工业界的广泛关注。从时间角度出发,边缘计算相关技术的发展最早在 2009 年,部署在网络边缘、具有丰富服务资源的可信计算机或计算机集群 Cloudlet 被提出,并为附近的移动性设备提供计算和数据存储服务。在 2011 年,思科公司提出雾计算概念,通过在云和设备层之间增加雾计算层,减少云中心任务处理数量。2013 年,美国太平洋西北国家实验室首次在报告中提出"边缘计算"一词,由此边缘部署计算、存储等资源的思想在学术界和工业界逐步蔓延。随着移动通信技术的飞速发展,第五代移动通信(5th-Generation,5G)对移动网络提出了超高带宽、超低时延和超大连接的需求,也由此促使了边缘计算的快速发展。物联网技术的迅猛发展,5G 时代的到来,网络边缘产生的数据也越来越多。因此,在网络边缘处理数据也将更加有效。自 2015 年以来,边缘计算开始被业内熟知,相关研究呈现猛增趋势,理论方面和应用方面均迅速发展。2016 年,由华为技术有限公司、中国科学院沈阳自动化研究所、中国信息通信研究院等多家单位联合倡议发起的边缘计算产业联盟(Edge Computing Consortium,ECC)正式成立,同时也意味着国内边缘计算的发展与国际近乎同步。

从技术发展角度出发,以上层云计算为出发点,分析服务由中心向边缘推送的过程,进而从深层次理解边缘计算的定义。

1.2.1　云服务推送

云计算作为支撑大规模业务需求的虚拟资源池,通过虚拟资源的动态部署与分配为用户提供包括计算、存储等服务。常规的云计算结构如图 1.1 所示,左侧的数据生产者生成原始数据并传输至云,右侧的数据消费者向云发出使用数据请求,云对用户所发送的请求进行处理并返回结果,其中数据请求表示从数据使用者发送到云的使用数据的请求,返回结果表示云返回的结果。

作为一种集中式的数据处理中心,将任务放在云上处理是一种较为有效的方式,然而面对物联网技术飞速发展所催生的高带宽、低延迟、超密规模连接等业务需求,云计算在以下方面凸显不足。

(1) 时效问题:与快速发展的数据处理速度相比,云计算的网络带宽已停滞不

图 1.1　传统云计算模型

前。随着在网络边缘生成的数据量不断增加,数据传输的速度正成为基于云计算范例的瓶颈。以自动驾驶为例,自动驾驶汽车在行驶过程中通过传感器和摄像头实时捕捉路况信息,并且需要实时处理车辆传输的信息才能做出正确的决策。汽车在运行过程中每秒将产生 1GB 数据,据统计,到 2035 年全球将有 5400 万辆自动驾驶汽车,如果将这些数据都发送到云进行处理,则响应时间将太长,更不用说当前的网络带宽和可靠性将因其在一个区域内支持大量车辆的能力而受到挑战。在这种情况下,需要在边缘处处理数据,以缩短响应时间,提高处理效率并降低网络压力。

(2) 能耗问题:对于云提供商来讲,云数据中心的功耗是另外一个紧迫的问题,电力成本占数据中心运营支出的 25%～40%。美国自然资源保护委员会(Natural Resources Defense Council,NRDC)2014 年 8 月发布了世界数据中心效率评估报告,以描绘全球数据中心的规模。该研究提到,美国数据中心有望在 2020 年之前每年消耗约 1400 亿 kW·h 的电量,相当于 50 个大型发电厂(每个发电厂 500MW·h)的发电量。如果全世界的数据中心属于一个国家,则它将成为全球第 12 大用电国。此外,该报告还分析发现,在全球多数的数据中心中高达 30% 的服务器已过时或不需要,并且其他计算机的利用率严重不足。困扰效率的持久性问题包括峰值调配问题、无法关闭未使用的服务器电源问题、竞争的优先级问题、降低数据中心成本开销及客户安全性保障问题等。以上这些是影响电源效率的主要因素,阻碍了 40% 的潜在功耗改善。这些因素在很大程度上受数据中心负载计划和管理的影响。高效的调度能量感知算法通过利用虚拟化技术、最佳需求驱动的配置及高效的负载建模实现数据中心能耗的优化管理。

1.2.2 物联网中的延伸

随着物联网技术的发展,物联网设备融合的系统部署缩短了从系统连接设备收集数据的实现时间,受此影响,未来绝大多数类型的电气设备将成为物联网的一部分,这些设备将同时扮演数据生产者和消费者的角色。例如 LED 条、路灯、空气质量传感器甚至是连接互联网的微波炉。可以推断,在几年之内,网络边缘的事物数量将增长到数十亿,由此产生的原始数据将是巨大的,而传统的云计算效率不足以实时处理这些数据。在传统云计算模式中,数据生产者生成原始数据并将其传输到云端,数据消费者向云端发送消费数据的请求,这种结构对于物联网来讲是不够的。首先,边缘的数据量巨大,在传输过程中会占用大量的带宽资源,导致主干网络通信资源拥塞;其次,用户隐私保护问题将成为物联网与云计算的一个主要障碍;最后,物联网中的大多数终端节点是能耗受限的,而无线通信模块通常非常耗能,对于手机、平板电脑等有限蓄电能力的智能终端设备,很难将任务传输至云进行处理。因此,将一些计算任务延伸到边缘侧进行处理是一种更为高效的选择。

1.2.3 数据使用者到生产者的转变

在传统的云计算范例中,边缘的终端设备通常充当数据的使用者,例如,用户通过智能手机观看网站视频,但随着信息网络的飞速发展,人们在移动边缘终端设备上同样会生成数据,也正是这种从数据使用者到数据生产者的转变使更多功能需要放置在网络边缘位置进行处理。以较为常见的手机拍照或录像功能为例,用户正常拍摄或录制后通过云服务(例如微博、微信、YouTube、Facebook、Twitter 或 Instagram)进行上传,据统计,国内新浪微博的 2.5 亿用户中每人每天使用时间达到 60min，产生数据可达上万吉字节。国外 YouTube 用户每分钟上传 72h 新的视频内容，Facebook 用户每天共享近 250 万条内容，Twitter 用户每天发布近 30 万次推文，Instagram 用户发布了近 22 万张新照片等。由于图像或视频片段相对较大，在上传过程中会占用大量的带宽，因此，多数供应商选择将其上传到云端。另一个示例是可穿戴健康设备，由网络边缘的事物收集的物理数据通常是私有的，正在处理的原始数据与上传到云相比，边缘数据更能保护用户隐私。

1.3　边缘计算发展相关模型

1.3.1　分布式数据库模型

分布式数据库系统是数据库技术和网络技术两者发展的结果，通常由许多较小的计算机组成，这些计算机可以单独放置于不同的物理位置，每台计算机不仅可以存储数据库管理系统的部分复制副本或完整复制副本，还可以具有自己的局部数据库。在分布式数据库模型中，计算机可以成为具有独立处理数据管理能力的网络节点，这些节点执行局部应用，称为场地自治。随着大数据时代的到来，数据量级及种类的飞速增长促使分布式数据库成为数据处理和存储的核心技术。分布式数据库系统有以下几个特性。

(1) 数据独立性：分布式系统的数据独立性是指用户程序与数据全局逻辑结构和数据存储结构无关，其中包括数据的逻辑独立性、物理独立性和数据分布独立性。其中数据分布独立性也称为数据分布透明性，是指用户不必关心数据的物理位置分布及逻辑分片的细节，也无须关注数据副本重复(数据冗余)一致性问题及局部场地上数据库支持哪种数据模型。

(2) 数据共享性：与集中式数据库系统中共享数据库的集中控制不同，在分布式数据库系统中,数据的共享有局部共享和全局共享两个层次。局部共享是指在局部数据库中存储局部场地各用户常用的共享数据;全局共享是指在分布式数据库系统的各个场地也同时存储其他场地的用户常用共享数据,用以支持系统全局应用。

(3) 适当增加数据冗余度:在集中数据库中为避免冗余数据浪费存储空间,需要减少数据冗余度以保障数据一致性,从而实现数据共享;然而在分布式数据库模型中,适当地增加数据冗余度仅可以提升系统的可用性和可靠性,即当某一场地出现故障时,分布式数据库系统可以对其他场地的相同副本继续进行操作,这样有效避免了因为某一场地故障而导致的系统瘫痪。此外,适当地增加数据冗余可提高整体系统性能,即用户选择与自己距离最近的副本进行操作能够有效降低通信成本,从而使整体系统性能有所提升。

(4) 数据全局一致性、可串行性和可恢复性:适当增加数据冗余所带来的问题是数据间的不一致性。在分布式系统模型中,各局部数据库需要达到数据的一致性、可串行性和可恢复性的要求,同时还要保证数据库的全局一致性、全局并发事务的可串行性和系统的全局可恢复性要求。

1.3.2 对等计算模型

对等计算模型(Peer-to-Peer computing,P2P)与边缘计算紧密相关,该模型是指参与者共享它们所拥有的一部分资源,这些资源通过网络提供的服务和内容能被其他对等节点直接访问,因此在 P2P 模型中参与者即是服务提供者。P2P 模型与边缘计算模型相似,边缘计算将 P2P 扩展到网络边缘设备。在 P2P 模型中,每个节点既充当服务器为其他节点提供服务,同时又享用其他节点提供的服务,其模型如图 1.2 所示。

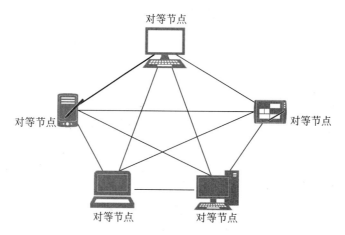

图 1.2　P2P 模型示意图

P2P 模型具有以下特性。

（1）去中心化：P2P 网络中的资源和服务分散在所有的节点上，信息的服务和传输无须服务器介入，直接在节点间进行。

（2）可扩展性：用户可以随时加入该网络，系统的服务能力和资源随之同步扩展。

（3）自治性：P2P 作为全分布式系统模型，节点来自不同的所有者，因此节点具有自治性，可以随时加入或退出。

（4）健壮性：由于服务分布在各节点间，因此网络或其中部分节点遭到攻击破坏对其他部分影响较小。

（5）高性价比：计算机的任务或资料分布到所有节点，达到了高性能计算和海量存储的目的。

（6）隐私保护：用户的信息被分散到各节点间，降低了用户信息的泄露。

（7）负载均衡：由于每个节点既是服务器又是客户端，减少了传统 C/S 模型中对服务器计算能力、存储的要求。

1.3.3 内容分发网络模型

内容分发网络(Content Delivery Network 或 Content Distribute Network,CDN)通过在网络边缘部署缓存服务器来降低远程站点的数据下载延时,加速内容交付。CDN 系统能够实时地根据网络流量和各节点的连接、负载状况以及到用户的距离和响应时间等综合信息,将用户的请求重新导向离其最近的服务节点上。CDN 具有访问速度快、支持频繁的用户互动、异地备援等特性,最简单的 CDN 网络模型由几台缓存服务器和一台 DNS 服务器组成。CDN 所采用的关键技术包括内容发布、内容路由、内容交换、性能管理等。与边缘计算模型中边缘服务器类似,CDN 的缓存服务器也位于网络的边缘,但在边缘计算模型下,网络边缘不受限于边缘节点,同时还包括边缘的网关、摄像头、智能手机、可穿戴设备的计算设备和传感器等设备。

1.3.4 移动边缘计算模型

移动边缘计算(Mobile Edge Computing,MEC)作为一种提供信息技术服务且具有计算能力的新型网络结构和计算范式,其核心目标是为了解决移动云计算中移动用户的服务质量难以得到满足的问题。作为一种很有前景的边缘技术,MEC可以应用于移动、无线和有线场景,通过将计算服务器放置在更靠近用户的位置为其提供计算和存储能力。根据欧洲电信标准协会(European Telecommunications Standards Institute,ETSI)的定义,MEC 是指在移动网络边缘侧、无线电接入网络(Radio Access Network,RAN)内和靠近移动设备的位置提供 IT 服务和云计算能力。MEC 允许核心网络与最终用户之间的直接移动流量,相反,MEC 将用户直接连接到最近的启用云服务的边缘网络。在基站部署 MEC 来增强计算能力,从而避免瓶颈和系统故障。MEC 的特性包括以下几点。

(1) 本地：MEC 以分离方式执行，从而提高了多机执行环境下的性能，与其他网络隔离的 MEC 属性也使其变得不易受外界环境影响。

(2) 邻近性：MEC 部署在就近位置，具有分析和实现大数据的优势，有利于计算密集型任务的处理，如增强现实/虚拟现实［Augmented Reality（AR）/Virtual Reality（VR）］、视频分析等。

(3) 更低的延迟：MEC 服务部署在距离用户设备最近的位置，可将网络数据移动至远离核心网络的区域。这种服务供应方式具有超低延迟和高带宽的特点，具有高质量的用户服务体验。

(4) 位置感知：边缘分布式设备利用底层信息实现信号共享，MEC 通过本地网络接收边缘设备信息，从而发现设备位置。

(5) 网络上下文信息：提供网络信息实时网络数据服务的应用程序可以通过在其业务模型中实施 MEC 来使企业和事件受益。根据 RAN 实时信息，这些应用程序可以判断无线电单元和网络带宽的使用情况，据此进行明智的决策，进而更好地为客户提供服务。

1.4　本章小结

随着云服务的推动和物联网技术的发展，网络的边缘正从数据的数据消费者向数据的生产者转变。本章首先介绍了边缘计算的基本概念及核心思想；接着从边缘计算的发展历史出发，介绍了计算服务从云推向边缘的过程；最后介绍了边缘计算发展的相关模型。

第 2 章

边缘计算系统架构

2.1　边缘计算基本概念

15min

在整个行业数字化转型的大背景下,在 IoT、5G、VR、AI 等业务云需求驱动和技术发展推动下,边缘计算(Edge Computing,EC)概念应运而生,并迅速得到了行业的广泛关注。相对于经典云计算带来的"云端"的海量计算能力,边缘计算能够实现资源和服务向边缘位置的下沉,从而能够降低交互时延、减轻网络负担、丰富业务类型、优化服务处理,提升服务质量和用户体验。

对于边缘计算的定义,目前业界还没有统一的结论。太平洋西北国家实验室(Pacific Northwest National Laboratory,PNNL)将边缘计算定义为一种把应用、数据和服务从中心节点向网络边缘拓展的方法,可以在数据源端进行分析和知识生成。云计算和分布式平台分技术委员会(ISO/IEC JTC1/SC38)对边缘计算给出的定义为一种将主要处理和数据存储放在网络的边缘节点的分布式计算形式。边缘计算产业联盟(ECC)给出的定义为边缘计算是在靠近物或数据源头的网络边缘侧,融合网络、计算、存储、应用核心能力的开放平台,就近提供边缘智能服务,满足行业数字在敏捷连接、实时业务、数据优化、应用智能、安全与隐私保护等方面的关键需求。

不同研究者也从各自的视角来描述和理解边缘计算。美国卡内基梅隆大学的 Mahadev Satyanarayanan 教授把边缘计算描述为"边缘计算是一种新的计算模式，这种模式将计算与存储资源（如 Cloudlet、微型数据中心或雾节点等）部署在更贴近移动设备或传感器的网络边缘"。美国韦恩州立大学的施巍松教授把边缘计算定义为"边缘计算是指在网络边缘执行计算的一种新型计算模式，边缘计算中边缘的下行数据表示云服务，上行数据表示万物互联服务，而边缘计算的边缘是指从数据源到云计算中心路径之间的任意计算和网络资源"。

这些定义都强调边缘计算是一种新型计算模式，它的核心理念是"计算应该更靠近数据的源头，可以更贴近用户"。这里"贴近"一词包含多种含义。首先可以表示网络距离近，这样由于网络规模的缩小使带宽、延迟、抖动等不稳定的因素都易于控制与改进。还可以表示为空间距离近，这意味着边缘计算资源与用户处在同一个情景之中（如位置），根据这些情景信息可以为用户提供个性化的服务（如基于位置信息的服务）。空间距离与网络距离有时可能并没有关联，但应用可以根据自己的需要来选择合适的计算节点。

网络边缘的资源主要包括移动手机、个人计算机等用户终端，WiFi 接入点、蜂窝网络基站与路由器等基础设施，摄像头、机顶盒等嵌入式设备，Cloudlet、微数据中心（Micro Data Center，MDC）等小型计算中心等。这些资源数量众多，相互独立，分散在用户周围，称为边缘节点。边缘计算就是要把这些独立分散的资源统一，为用户提供服务。

综上所述，可以把边缘计算理解为一种新的计算模式，将地理距离或网络距离上与用户邻近的资源统一起来，为应用提供计算、存储和网络服务。

伴随行业数字化转型进程的不断深入，在技术与商业的双重驱动下，边缘计算产业将持续走向纵深。总体上,边缘计算产业可以分为连接、智能、自治三个发展阶段。

1. 连接

主要实现终端及设备的海量、异构与实时连接,网络自动部署与运维,并保证连接的安全、可靠与互操作性。典型应用如远程自动抄表,电表数量可达百万、千万级。

2. 智能

边缘侧引入数据分析与业务自动处理能力,智能化地执行本地业务逻辑,大幅提升效率,降低成本。典型应用如电梯的预测性维护,通过电梯故障的自诊断和预警,大幅减少人工例行巡检的成本。

3. 自治

在人工智能等新技术使能下,边缘智能将得到进一步发展。边缘计算不但可以自主进行业务逻辑分析与计算,并且可以动态实时地自我优化、调整执行策略。典型应用如无人工厂。

边缘计算是继分布式计算、网格计算、云计算之后的又一新型计算模型,以云计算为核心,以现代通信网络为途径,以海量智能终端为前沿,通过优化资源配置,使计算、存储、传输、应用等服务更具智能,具备优势互补、深度协同的资源调度能力,是集云、网、端、智四位一体的新型计算模型,其概念蕴含丰富,以下从多个方面解析其内涵。

(1) 边缘计算是一种全局性的计算模型,涵盖中心和边缘。

边缘计算的构成包括两部分:一是资源的边缘化,具体包括计算、存储、缓存、带宽、服务等资源的边缘化分布,把原本集中式的资源纵深延展,靠近需求侧,提供高可靠、高效率、低时延的用户体验;二是资源的全局化,即将边缘作为一个资源池,而不是由中心提供所有的资源,边缘计算融合集中式的计算模型(例如云计算、超算),通过中心和边缘之间的协同,达到优势互补、协调统一的目的。

(2)边缘计算需要全局协同,以便得到高效的计算性能。

边缘计算应从全局考虑问题,不只局限于网络的边缘侧,而是与处于中心位置的云计算中心、数据中心、超算中心等一道进行协同计算的模型,它们之间的协同计算、并行处理、网络传输优化等都需要全局考虑,以便获得最优的处理效率。

(3)边缘计算是一种智能化的计算模型,会动态地根据需求提供动态服务。

边缘计算是对云、网、端三级结构的一种升级,是迈向智能化的重要一步。边缘计算通常会具有情景感知能力,通过上下文感知业务场景、用户需求、计算规模、存储大小等,这样才能有的放矢,根据用户需求动态配置资源,使该计算模型更具智能化。

(4)边缘计算具有物理边界、逻辑边界、网关节点、边缘节点、边缘侧、云侧等概念。

边缘计算的物理边界是指处于边缘设备一端,在网关的边缘侧,靠近用户。逻辑边界是指在功能上处于边缘,相对于集中式的云计算功能。网关节点是指承担边缘设备级联、应用服务、任务分发等功能的服务器端,权责上属于服务的提供方,而不是最终功能的使用者。边缘节点是指真正靠近用户的边缘侧设备,为用户提供直接的计算、存储、带宽等服务。边缘侧是指海量终端侧,靠近用户,并且处于网关节点的外侧。云侧是指靠近云计算、高性能计算、大数据中心的一侧,是处于功能核心位置的基础设施。

(5)边缘计算使中心智能向前端智能扩展,智能协同将是未来发展的趋势。

边缘计算一定程度上是把智能移动到边缘,很多前端智能终端已经可以单独处理复杂的任务,并可实时处理设备收集的、有价值的原始数据。边缘网络智能化的实现,是通过智能的管控手段对业务、性能、安全等指标进行统一的优化、协同、配置和管理。此外,前端智能是边缘计算的一种表现形式,使人工智能的感知距离、感知种类、处理速度、传输时延等关键参数得到极大优化和提升。

2.2　整体架构

在边缘计算中,终端节点不再是完全不负责计算,而是做一定量的计算和数据处理,之后把处理过的数据再传递到云端。这样一来可以解决时延和带宽的问题,因为计算在本地,而且处理过的一定是从原始数据中进行过清洗的数据,所以数据量会小很多。当然,具体要在边缘做多少计算也取决于计算功耗和无线传输功耗的折中,终端计算越多,计算功耗越大,无线传输功耗通常可以更小,对于不同的系统存在不同的最优值。

2.2.1　边缘计算模型及基本架构

边缘计算是指在网络边缘执行计算的一种新型计算模型,具体对数据的计算包括两部分:下行的云服务和上行的万物互联服务。边缘计算中的“边缘”是指从数据源到云计算中心路径之间的任意计算、存储和网络资源。图 2.1 表示基于双向计算流的边缘计算模型。云计算中心不仅从数据库收集数据,也从传感器和智能手机等边缘设备收集数据。这些设备兼顾数据生产者和消费者,因此,终端设备和云中心之间的请求传输是双向的。网络边缘设备不仅从云中心请求内容及服务,而且还可以执行部分计算任务,包括数据存储、处理、缓存、设备管理、隐私保护等。需要更好地设计边缘设备硬件平台及其软件关键技术,以满足边缘计算模型中可靠性、数据安全性等需求。

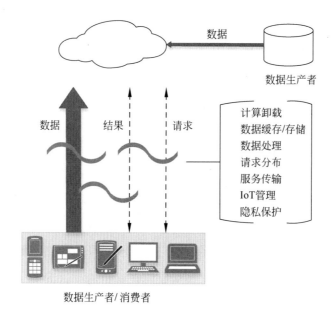

图 2.1　边缘计算模型

从功能角度讲,边缘计算模型是一种分布式计算系统,并且具有弹性管理、协同执行、环境异构及实时处理等特点。边缘计算与流式计算模型具有一定相似性,此外,边缘计算模型自身还包括以下几个关键内容。

(1) 应用程序/服务功能可分割。可以应用到边缘计算模型的应用程序或服务需要满足可分割性,即对于一个任务可以分成若干子任务并且任务功能可以迁移到边缘端去执行。需要说明的是,任务可分割可以包括仅能分割其自身或将一个任务分割成子任务,而更重要的是,任务的执行需满足可迁移性,任务的可迁移性是实现在边缘端进行数据处理的必要条件,只有对数据处理的任务具有可迁移性,才能在边缘端实现数据的边缘处理。

(2) 数据可分布。数据可分布性既是边缘计算的特征也是边缘计算模型对待处理数据集合的要求,如果待处理数据不具有可分布性,则边缘计算模型就变成一种集中式云计算模型。边缘数据的可分布性是针对不同数据源而言的,不同数据源来自于产生大量数据的数据生产者。

（3）资源可分布。边缘计算模型中的数据具有一定的可分布性,因此,执行边缘数据所需要的计算、存储和通信资源也需具有可分布性。只有当边缘系统具备数据处理和计算所需的资源,才能实现在边缘端对数据进行处理和计算功能,这样的系统才符合真正的边缘计算模型。

边缘计算基本架构系统分为云、边缘和终端三层,边缘层位于云和终端层之间,向下支持各种现场设备终端的接入,向上可以与云端对接。边缘层包括边缘节点和边缘管理器两个主要部分。边缘节点是硬件实体,是承载边缘计算业务的核心。边缘计算节点根据业务侧重点和硬件特点的不同,包括以网络协议处理和转换为重点的边缘网关、以支持实时闭环控制业务为重点的边缘控制器、以大规模数据处理为重点的边缘云、以低功耗信息采集和处理为重点的边缘传感器等。边缘管理器的呈现核心是软件,主要功能是对边缘节点进行统一的管理。从架构系统结构角度出发,边缘计算的基本架构如图 2.2 所示。

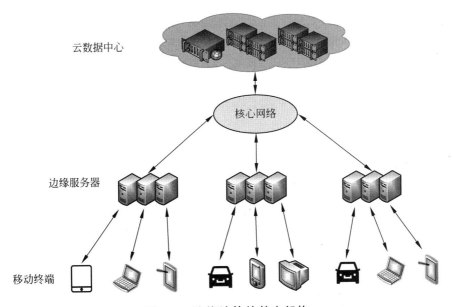

图 2.2　边缘计算的基本架构

边缘计算节点一般具有计算、网络和存储资源。边缘计算系统对资源的使用有两种方式：第一，直接将计算、网络和存储资源进行封装，提供调用接口，边缘管理器以代码下载、网络策略配置和数据库操作等方式使用边缘节点资源；第二，进一步将边缘节点的资源按功能领域封装成功能模块，边缘管理器通过模型驱动的业务编排方式组合和调用功能模块，实现边缘计算业务的一体化开发和敏捷部署。从资源整合的角度，边缘计算基础框架如图 2.3 所示，该框架为边缘计算产业联盟给出的边缘计算参考架构 3.0。

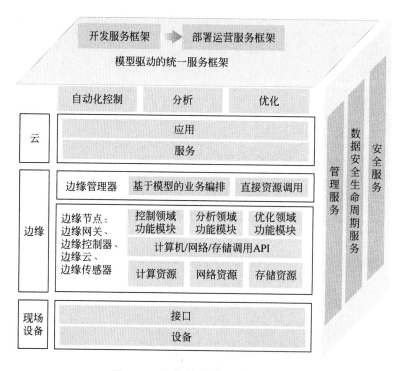

图 2.3　边缘计算资源参考架构

2.2.2　多层级边缘架构

本节介绍基于边缘计算基本架构下的多层级边缘架构，对于每部分分别介绍其架构设计、模型部署及应用程序。

1. CloudPath 边缘架构

CloudPath 是一种沿着用户终端层到云数据中心提供各种资源(计算资源和存储资源等)的多层边缘计算架构,同时该架构支持按需分配和动态部署。CloudPath 的主要思想是实现所谓的"路径计算",与传统的云计算相比,它可以减少响应时间并提高带宽利用率。CloudPath 架构如图 2.4 所示,架构的底层为用户终端,最上层为云计算数据中心。系统沿路径重新分配数据中心的这些任务以支持不同类型的应用程序,如物联网数据聚合、数据缓存服务和数据处理服务。在路径计算过程中,开发人员可以通过考虑成本、延迟、资源可用性和地理覆盖范围等

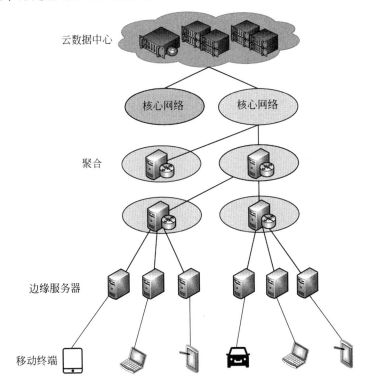

图 2.4 CloudPath 多层边缘架构

因素,从上到下(传统数据中心)到底层(用户终端设备),设备能力变弱而设备数量变多,构建传输路径的多层架构,为其服务选择最佳的分层部署计划。CloudPath在计算和状态明确分离的前提下,将抽象的共享存储层扩展到路径上的所有数据中心节点,降低了第三方应用开发和部署的复杂度。

2. HetMEC

HetMEC(Heterogeneous multi-layer MEC)架构通过考虑将异构多层边缘服务器用于上行链路通信,以减少边缘服务器与云数据中心之间的总计算和传输时间。在 HetMEC 架构中,终端设备将计算密集型任务划分并卸载到多层边缘服务器和云数据中心,从而提高延迟性能。具体的划分方法为,按有线或无线网络中的位置划分,具有一定计算能力的各种功能节点作为边缘服务器不同的层,即自下而上的接入设备、交换机、网络网关和小型数据中心。每个终端设备首先通过向上链路将数据流传输至边缘接入设备,接入设备收到数据并经过部分处理后传送到有线核心网络,由此向上逐层传递,最终传送至云数据中心。基于这样的 HetMEC结构,多层边缘服务器的计算资源可以充分利用云数据中心来支持移动终端设备的计算密集型和对延迟敏感的任务,具有很强的稳健性,具体架构如图 2.5所示。

3. SpanEdge

流处理是边缘计算中的一种重要应用,数据由不同地理位置的各种数据源生成,并以流的形式不断传输。传统上,所有原始数据都通过万维网传输到数据中心服务器,Apache Spark 和 Flink 等流处理系统也针对一个集中式数据中心进行设计和优化。SpanEdge 的核心思想是通过统一云数据中心节点和近边缘中心节点,降低了万维网连接中的网络延迟,并提供了允许程序在数据源附近运行的编程环境。开发人员可以专注于开发流式应用程序,而无须考虑数据源的位置和分布。

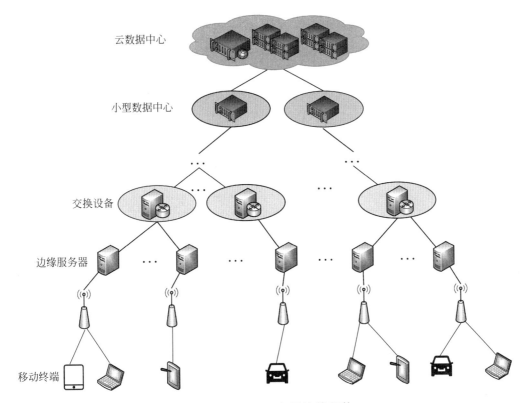

云数据中心

小型数据中心

交换设备

边缘服务器

移动终端

图2.5　HetMEC多层边缘架构

SpanEdge架构主要包含两个层次,第1个层次为云数据中心,第2个层次为边缘数据中心,这里边缘数据中心包括云供应商、Cloudlet、雾节点等。SpanEdge将部分流处理任务放在边缘中央节点上运行,以减少延迟并提高性能。SpanEdge使用主从架构,如图2.6所示,具有一个管理器和多个工作器。管理器收集流处理请求并将任务分配给工作人员。工作人员(Worker)主要由集群节点组成,其主要职责为执行任务。Worker有两级:第一级的中心工作人员(Hub-Worker)和第二级的辐条工作人员(Spoke-Worker),网络传输开销和延迟与工作人员之间的地理位置和网络连接状态有关。

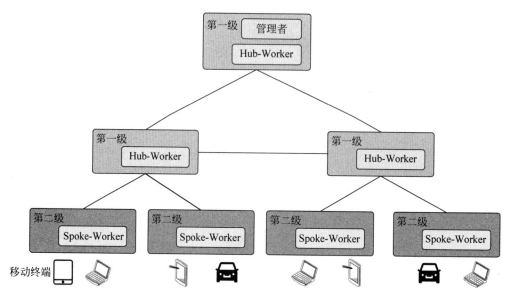

图 2.6　SpanEdge 多层边缘架构

2.2.3　边缘协作架构

1. 基于边缘调度器的协作架构

基于边缘调度器的协作架构由四部分构成,即边缘设备、边缘服务器、云数据中心和边缘调度器。在该架构下,边缘设备可以选择将任务卸载至本地执行或是卸载至边缘调度器,边缘调度器收到任务请求后,结合计算资源、存储资源及网络带宽特点,将任务分发至其他边缘服务器或上传至云数据中心。基于边缘调度器的协作架构能够有效地整合边缘、边云及边缘设备资源,具体架构如图 2.7 所示。

2. 面向区块链技术的边缘协作架构

随着数字货币的不断盛行,区块链技术引起工业界和学术界的广泛关注,它作

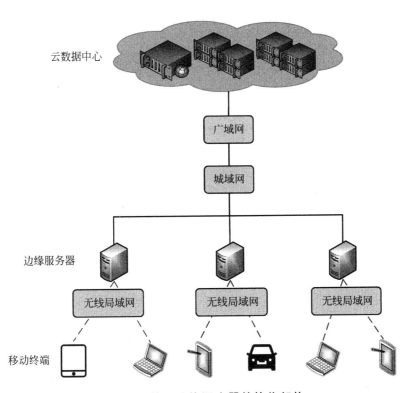

云数据中心

广域网

城域网

边缘服务器

无线局域网　　　无线局域网　　　无线局域网

移动终端

图 2.7　基于边缘调度器的协作架构

为一种分布式记账技术,目前已经被应用到多个领域。边缘计算的分布式特点为
区块链发展提供了强大底层支持。面向区块链技术的边缘协作架构结合区块链技
术需求,从数据可信存储、可信计算、可信传输及可信管理四方面出发,设计多资源
融合的三层架构,结构如图 2.8 所示。该架自顶向下依次为云端区块链层、边缘区
块链层和终端层,云端区块链层具有充足的存储和计算资源,负责存储海量数据,
同时采用多副本机制进行存储进而保证数据的一致性;边缘区块链层主要负责处
理终端采集的数据,由于边缘层设备能力有限,因此边缘层只用于存储一部分云端
数据以供用户的低延迟服务;终端层主要用于接收用户任务请求并将其发送至边
缘层。

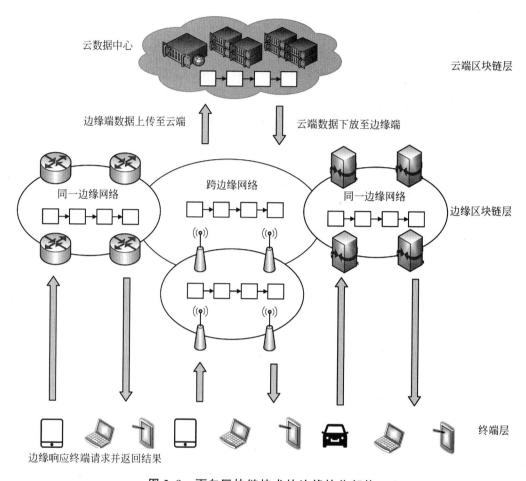

图 2.8 面向区块链技术的边缘协作架构

2.3 卸载技术

随着移动通信技术的发展和智能终端的普及,各种网络服务和应用不断涌现,用户对网络服务质量、请求时延等网络性能的要求越来越高。尽管现有用户设备(User Equipment,UE)的处理能力越来越强大,但依然无法在短时间内处理计算密集型或时延敏感型计算任务。此外,在 UE 本地处理这些任务还面临电量快速消耗和自身硬件损耗等问题。这些问题严重影响了应用程序在用户设备上的运行效率和用户体验。为了解决上述问题,业界提出了边缘计算卸载技术。

边缘计算中的计算卸载可以应用于移动游戏、视频服务、精确定位、自动驾驶和物联网等多个应用场景,从而将高要求的计算任务卸载到边缘计算服务器上,以便应对应用在时延上的严格要求,并且降低 UE 处的能量消耗。

边缘计算中的计算卸载是将 UE 端的一部分计算任务迁移到边缘网络执行。如何权衡本地执行的计算成本和迁移到边缘网络的通信成本,以及对计算任务进行卸载决策和任务分割,是边缘计算中计算卸载技术的关键研究点。目前,针对边缘计算卸载技术的相关研究已取得了丰硕的成果。根据不同的指标可以将计算卸载划分为以下几种不同的类型。

1. 静态卸载和动态卸载

计算卸载按照卸载决策的时间划分,可以分为静态卸载和动态卸载。静态卸载是指卸载决策在程序的开发过程中就被设定,采用静态卸载方案,用户可以采用更为复杂的启发式算法制定任务分割决策和卸载机制,但由于没有考虑终端和网络的变化信息,会最终影响卸载性能。动态卸载是根据任务交付的实时情况进行卸载决策。静态卸载多出现在较早的研究中,Li 等提出了一种基于能耗预测的任务分割方法,对于某个给定的程序,分析其计算成本和传输成本,静态地将程序分为服务器任务和用户端任务,最小化计算和传输的总花销,确保卸载决策相对于本地执行的有效性。目前对计算卸载的研究主要集中于动态卸载机制,Huang 等在满足时间与能耗双重要求的前提下,提出了一种基于 Lyapunov 优化的动态卸载算法,该算法可以以较低的复杂度解决卸载问题。

2. 全部卸载和部分卸载

计算卸载按照卸载程度可以分为全部卸载和部分卸载。全部卸载即 UE 将计算任务全部卸载到边缘网络中,部分卸载即将一部分计算任务卸载到边缘网络中,计算任务由本地应用程序和边缘网络共同完成。全部卸载相对来讲比较简单,部分卸载是一个非常复杂的过程,受到用户偏好、网络质量、UE 功能和可用性等因素的影响,还需要考虑卸载的计算任务之间的依赖关系及执行顺序。决定计算卸载程度的一个重要因素是应用程序的类型,决定了全部卸载或部分卸载是否可用,以及可以卸载哪些计算任务及如何卸载。首先,根据应用程序类型确定是否可以部分卸载或者全部卸载,有些程序不支持全部卸载,因为有些计算任务必须在本地执行,称为不可卸载部分。然后,根据应用程序待处理的数据量决定通过何种方式来卸载,如人脸识别和病毒扫描系统等,待处理的数据量预先可知,可以采用全部或者部分的方式进行计算任务的卸载,而对于在线交互式游戏等无法预测执行时长及待处理数据量的应用程序,无法进行全部卸载。最后,计算任务之间的相互依赖关系也是决定能否全部卸载或部分卸载的重要因素,在计算任务相互独立的情况下,所有任务可以同时卸载并且并行处理,而在计算任务相互依赖的情况下,应用程序需要在部分计算任务执行完成后才能继续进行处理,此时并行卸载并不适用。

3. 单节点卸载和多节点卸载

计算卸载按照卸载任务的云端代理个数可分为单节点卸载和多节点卸载,目前多数研究基于单节点之间的卸载,即将任务分割为两部分,分别在终端和云端执行,而在多节点卸载中,任务分割与卸载算法需要考虑不同节点的负载情况、运算能力及与终端的通信能力。Valerio 等考虑了单节点卸载的场景,以最小化时延为目标,同时考虑通信、计算资源重载和 VM 迁移的能耗问题,利用马尔可夫决策过程(Markov Decision Process,MDP)解决了小基站(Small Cells eNodeB,SCeNB)中的 VM 分配问题。单一节点的计算卸载虽然实现了资源分配,但没有考虑网络间的资源均衡,容易产生负载失衡问题,因此,考虑在多节点间卸载计算资源成为提升卸载性能的主要途径。Oucis 等在相关工作中提出了动态卸载方案,分析卸载节点集群大小对应用程序时延和边缘服务器能耗的影响,通过对大量的研究成果分析可知,边缘计算的卸载主要研究 3 个问题:第一,计算卸载在边缘网络中的执行框架,包括卸载的方式与流程;第二,计算卸载的决策,即是否进行计算卸载及何时进行计算卸载;第三,计算卸载资源分配问题,即卸载任务如何分割并将其卸载到哪个云端服务器。

边缘计算中的计算卸载技术主要涉及执行框架、卸载决策、资源分配等方面。执行框架包括计算卸载流程及卸载方式。卸载决策即 UE 决定是否卸载及卸载多少计算任务,针对不同服务的性能要求,制定不同的优化目标,如减少能量消耗、降低时延、能耗和时延的权衡等,进而进行卸载决策,做出正确的卸载决策是完成卸载任务的第一步。UE 决定卸载之后要考虑计算资源的分配问题,边缘计算服务器是否协作为 UE 提供服务及资源的分配问题会直接影响卸载方案的性能。接下来将从这三方面展开阐述。

1) 计算卸载执行框架

图 2.9 描述了计算卸载的主要执行流程。当终端发起计算卸载请求时,终端上的资源监测器检测云端的资源信息,计算出可用云端服务器网络的资源情况(包括服务器运算能力、负载情况、通信成本等),根据收到的服务器网络信息,计算卸载决策引擎决定哪些任务为本地执行而哪些任务为云端执行,根据决策指示,分割模块将任务分割成可以独立在不同设备执行的子任务,之后本地执行部分由终端进行处理,云端执行部分经转化后卸载到代理服务器进行处理。

计算卸载在边缘计算网络中的执行框架可以按照划分粒度进行分类,主要分为基于进程或功能函数划分的细粒度计算卸载和基于应用程序与虚拟机划分的粗

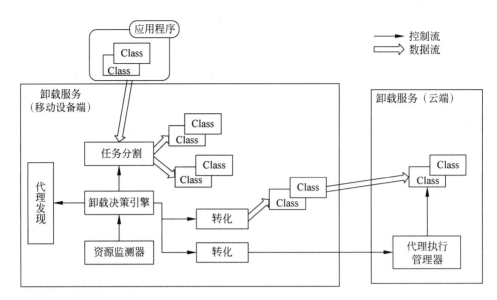

图 2.9　计算卸载执行流程

粒度计算卸载。细粒度计算卸载依赖程序员修改程序来处理分区和状态迁移,并适应网络状况的各种变化,应用可以只卸载部分程序,这样可以通过远程卸载达到降低终端能耗的目的,这种方法也被称为部分卸载。细粒度的计算卸载系统由于程序划分、迁移决策等会导致额外的能量消耗,同时也会增加程序员的负担。粗粒度任务卸载方案将整个过程/程序或整个虚拟机迁移到基础设施上,这样程序员不必修改应用源代码,可充分利用计算卸载,这种方法又称为完全卸载。

2)卸载决策

计算卸载的过程中会受到不同因素的影响,如用户的使用习惯、回程连接的质量、无线电信道的通信情况、移动设备的性能和云服务器的可用性等,因此计算卸载的关键在于指定适合的卸载决策。卸载决策通常按照需要进行计算卸载的任务的性能要求来确定。目前,计算卸载的性能通常以时间延迟和能量消耗作为衡量指标。时间延迟和能量消耗的计算具体分为以下两种情况。

(1)在不进行计算卸载时,时间延迟是指在移动设备终端处执行本地计算所花费的时间;能量消耗是指在移动设备终端处执行本地计算所消耗的能量。

（2）在进行计算卸载时，时间延迟是指卸载数据到边缘服务器计算节点的传输时间、在边缘服务器计算节点处的执行处理时间、接收来自边缘服务器计算节点处理的数据结果的传输时间三者之和；能量消耗是指卸载数据到边缘服务器计算节点的传输耗能、接收来自边缘服务器计算节点处理的数据结果的传输耗能两部分之和。

卸载决策即 UE 决定是否卸载及卸载多少。UE 由代码解析器、系统解析器和决策引擎组成，执行卸载决策需要 3 个步骤：首先，代码解析器根据应用程序类型和代码/数据分区确定哪些任务可以卸载；然后，系统解析器负责监控各种参数，如可用带宽、要卸载的数据大小或执行本地应用程序所耗费的能量等；最后，决策引擎确定是否要卸载。一般来讲，关于计算卸载的决策有以下 3 种方案。

（1）本地执行（Local Execution，LE）：整个计算在 UE 本地完成。

（2）完全卸载（Full Offloading，FO）：整个计算由边缘服务器卸载和处理。

（3）部分卸载（Partial Offloading，PO）：计算的一部分在本地处理，而另一部分则卸载到边缘服务器处理。

影响做出这 3 种决策的因素主要是 UE 能量消耗和完成计算任务延时。

卸载决策需要考虑计算时延因素，因为时延会影响用户的使用体验，并可能会导致耦合程序因为缺少该段计算结果而不能正常运行，因此所有的卸载决策至少都需要满足移动设备端程序所能接受的时间延迟限制。此外，还需考虑能量消耗问题，如果能量消耗过大，则会导致移动设备终端电池中的能量快速耗尽。最小化能耗即在满足时延条件的约束下，最小化能量消耗值。对于有些应用程序，若不需要最小化时延或能耗的某一个指标，则可以根据程序的具体需要，赋予时延和能耗指标不同的加权值，使二者数值之和最小，即总花费最小，称为最大化收益的卸载决策。

卸载决策开始以后，接下来就要进行合理的计算资源分配。与计算决策类似，服务器端计算执行地点的选择将受到应用程序是否可以分割进行并行计算的影响。如果应用程序不满足可分割性和并行计算性,则只能给本次计算分配一个物理节点。相反,如果应用程序具有可分割性并支持并行计算,则卸载程序将可以分布式地在多个虚拟机节点进行计算。

2.4 资源管理

资源管理技术主要解决边缘计算系统中计算、存储和网络资源的管理和优化问题。传统的云计算系统在资源管理与优化方面已有大量的研究工作,然而,由于边缘计算有新的应用场景和特征,在资源管理与优化方面也有新的特点。

在资源管理与调度方面,边缘计算中的资源优化调度是核心问题之一,只有实现了资源的科学管理、合理调度与分配,才能面向实际需求,充分发挥出云、边缘服务器、终端的节点优势,实现利用率、能耗、带宽、存储等全方面的优化,更好地平衡3层资源的使用,最大限度地节省资源,提高收益,最好地满足用户体验,当前的资源调度研究主要集中在能耗、延时等单个指标的优化调度上。

接下来对边缘计算系统资源管理进行分类,并对各类型进行详细分析说明,具体内容如图 2.10 所示。首先,从简单的单用户系统(包括单个移动设备和单一边缘节点服务器)开始,阐述关键设计考虑因素和基本设计方法。其次,讨论更复杂的多用户边缘计算系统,该系统需要对多个卸载用户竞争使用无线电和服务器计算资源的情况进行协调。最后,讨论具有异构服务器的边缘计算系统,此系统中不仅能够自由选择服务器也允许服务器之间的合作,这样的网络级操作可以显著增强边缘计算系统的性能。

1. 单用户边缘计算系统

单用户边缘计算系统有 3 种常用的任务模型:二元卸载的确定性任务模型、

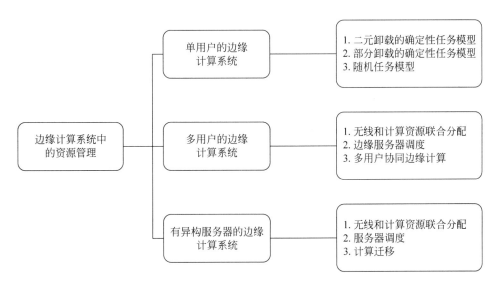

图 2.10 边缘计算系统中的资源管理

部分卸载的确定性任务模型和随机任务模型。下面将对单用户边缘计算系统中的3种情况进行分析。

1）二元卸载的确定性任务模型

二元卸载的确定性任务模型需要考虑二元卸载任务是在边缘执行还是在本地计算。由于无线通信的数据速率是不恒定的，与发射功率和信道质量有关。这需要进行能量适配和数据传输机制的控制策略设计以简化卸载过程。此外，由于CPU 能耗随 CPU 周期频率呈超线性增长，使用动态电压频率调整（Dynamic Voltage and Frequency Scaling,DVFS)技术可以将移动执行的计算能耗降至最低。

2）部分卸载的确定性任务模型

部分卸载的确定性任务模型允许灵活地进行数据分割,运算相对复杂的移动应用程序可以分解成一组较小的子任务,耗时或耗能大的子任务可以卸载到边缘服务器进行计算。联合优化卸载比、传输功率和 CPU 周期频率可以最小化时延和移动能耗。与二元卸载相比,部分卸载可以实现更大的节能和更小的计算延迟。

3）随机任务模型

资源管理策略也可以用于随机任务模型的边缘计算系统中，将已经到达但尚未执行的任务加入缓冲区队列，因此，此类系统的长期性能（例如长期平均能耗和执行延迟）显得更重要。对于随机任务模型，任务到达和信道的时间相关性可以用来设计自适应动态计算卸载策略。

2. 多用户边缘计算系统

多用户边缘计算系统由共享一条边缘服务器的多个移动设备组成，系统中多用户联合无线和计算资源分配、服务器调度、多用户合作边缘计算是新的挑战点。

1）无线和计算资源联合分配

用户 MEC 系统中无线资源和计算资源有限，所以系统的设计关键是如何分配有限的无线和计算资源给多个移动设备以实现系统级目标，例如最低总量的移动能耗。目前，研究主要有集中式资源分配和分布式资源分配两种机制：一是在集中式资源分配中，服务器根据获得的所有移动信息做出资源分配决策，并将决策通知给移动设备；二是在分布式资源分配中，系统会使用博弈论和分解技术进行设计，计算任务被设定为在本地执行后通过一个或多个干扰信道完全卸载到服务器进行计算。

2）边缘服务器调度

为了有效降低多用户的能耗和计算延迟，边缘服务器的调度设计将更高的优先级分配给延迟要求更严格、计算负载更重的用户。此外，通过并行计算可以进一步提高服务器的计算速度。

3）多用户协同边缘计算

通过点对点移动协同边缘计算可以清除大量的分布式计算资源，缓解网络拥塞，提高资源利用率，实现无所不在的计算。此外，还能通过终端直通（Device-to-Device，D2D）技术进行短距离传输，实现计算资源和结果的共享。

3. 有异构服务器的边缘计算系统

为了实现无处不在的边缘计算,提出了异构的边缘计算系统,包括一个中央云和多个边缘服务器。多层云/边缘云之间的协调和交互作用引入了许多有趣的新研究挑战。最新的研究主要集中在服务器选择、合作和计算迁移方面。

在服务器选择上,考虑具有多个计算任务和异构服务器的系统。为了减少计算延迟,最好将延迟不敏感但计算密集型的任务转移到远程中心云服务器,并将延迟敏感的任务转移到边缘服务器。

服务器协作可以显著提高服务器的计算效率和资源利用率。更重要的是,它可以平衡网络上的计算负载分布,从而在更好地利用资源的同时,减少计算延迟。此外,服务器协作设计还应考虑时间和空间计算任务到达量、服务器的计算能力、时变信道和服务器的收益。

计算迁移是 MEC 中移动管理的一种有效方法。迁移或不迁移的决策取决于迁移开销、用户与服务器之间的距离、通道条件和服务器的计算能力。具体地说,当用户远离其原始的服务器时,最好将计算迁移到附近的服务器。

2.5　安全与隐私保护

边缘计算作为万物互联时代新型的计算模型,将原有云计算中心的部分或全部计算任务迁移到数据源的附近执行,提高数据传输性能,保证处理的实时性,同时降低云计算中心的计算负载,为解决目前云计算中存在的问题带来极大的便利,但与此同时,边缘计算作为一种新兴事物,面临着许多挑战,特别是安全和隐私保护方面。例如,在家庭内部部署万物互联系统,大量的隐私信息被传感器捕获,如何在隐私保护下提供服务;在工业自动化领域,边缘计算设备承担部分计算及控制,如何有效抵抗恶意用户攻击;边缘计算设备之间需要进行敏感数据交互,如何防止信息泄露和滥用等。

作为一种新的计算模式,边缘计算在安全问题上具有自己的特殊性,也会产生新的安全问题。

(1)边缘计算是一种分布式架构,很多数据由各处的计算资源共同处理,中间还有一些数据需要通过网络传输,由于边缘设备更靠近万物互联的终端设备,网络环境更加复杂,并且边缘设备对于终端具有较高的控制权限,因此更容易受到恶意邮件感染和安全漏洞攻击,受到攻击时的损失就越大。这些问题使网络边缘侧的访问控制与威胁防护的广度和难度大幅提升。

(2)边缘计算采用广泛的技术,包括无线传感器网络、移动数据采集、点对点网络、网格计算、移动边缘计算、分布式数据存储和检索等,在这种异构多域网络环境下,需要设计统一的用户接入、身份认证、权限管理方案,并在不同安全域之间实现安全策略的一致性转换和执行。

(3)物联网中实时性应用可以依赖边缘计算实现,例如自动驾驶、工业控制等,这些应用对时延性要求很高,在对数据安全保护的同时不可避免地将引入一些延时,如何在保证高效传输处理的同时保证数据和隐私的安全也是边缘计算面临的特殊性问题。

因此,为了创建一个安全可用的边缘计算生态系统,实施各种各样的安全保护机制非常重要。下面介绍现有的一些安全机制与安全技术。

1. 数据安全防护技术

无论是云计算还是边缘计算,终用户端的私密性数据均需要部分或全部外包给第三方(如云计算数据中心和边缘数据中心),这就造成了存储在第三方数据中心的用户数据呈现出所有权和控制权分离化、存储随机化等特点,极易造成数据丢失、数据泄露、非法数据操作(复制、发布、传播)等数据安全性问题,数据的保密性和完整性无法得到保证,因此,外包数据的安全性保证仍然是边缘计算数据安全的一个基础性问题。

1) 数据保密性和安全数据共享

现有的数据保密性和安全数据共享方案通常采用加密技术实现,其常规流程是由数据所有者预先对外包数据进行加密处理和上传操作,并在需要时由数据使用者解密。传统的加密算法包括对称加密算法(如 DES、3DES、ADES 等)和非对称加密算法(如 RSA、Diffie-Hellman、ECC 等),但传统加密算法加密后的数据可操作性低,对后续的数据处理造成很大阻碍。目前比较常用的数据加密算法有基于属性加密(Attribute-Based Encryption,ABE)、代理重加密(Proxy Re-Encryption,PRE)和全同态加密(Fully Homomorphic Encryption,FHE)算法等。

(1) 基于属性加密。基于属性加密是把原本基于身份加密中表示用户身份的唯一标识扩展成为可以由多个属性组成的属性集合。从基于身份加密体制发展到基于属性加密体制,不仅使用户身份的表达形式从唯一标识符扩展到多个属性,同时还将访问结构融入属性集合中。换句话说,可以通过密文策略和密钥策略决定拥有哪些属性的人能够访问这份密文,使公钥密码体制具备了细粒度访问控制的能力。

(2) 代理重加密。代理重加密是云计算环境下开发的加密方法。通常,用户出于对数据私密性的考虑,存放在云端的数据都是以加密形式存在的,并且,云环境中也有大量数据共享的需求,但是由于数据拥有者对云服务提供商存在半信任问题,不能将密文解密的密钥发送给云端,由此云端无法解密密文并完成数据共享。数据拥有者需要自己下载密文并解密后,再用数据接收方的公钥加密并分享。这样数据共享的方式并没有充分利用云环境,也会给数据拥有者带来大量的麻烦。代理重加密技术可以帮助用户解决这些数据分享的不便利问题。在不泄露解密密钥的情况下,实现云端密文数据共享,云服务商也无法获取数据的明文信息。

(3) 同态加密。同态加密在没有对数据解密的情况下就能对数据进行一定操作。同态加密允许对密文进行特定的代数运算得到的仍是加密的结果。也就是说,同态加密技术的特定操作不需要对数据进行解密。从而用户可以在加密的情况下进行简单的检索和比较,并且可以获得正确的结果,因此云计算运用同态加密技术可以运行计算而无须访问原始未加密的数据。

2) 完整性审计

当用户的数据存储到边缘或云数据中心之后,一个重要的问题就是如何确定外包存储数据的完整性和可用性。目前对数据完整性审计相关的研究主要集中在以下四点。

(1) 动态审计。数据存储服务器中的用户数据往往是动态更新的,常见的动态数据操作包括修改、复制、插入和删除等,因此,数据完整性审计方案不能仅局限于静态数据,而应当具有动态审计功能。

(2) 批量审计。当有大量用户同时发出审计请求或数据被分块存储在多个数据中心时,为了提高审计效率,完整性审计方案应具备批量审计的能力。

(3) 隐私保护。由于数据存储服务器和数据所有者都不适合执行完整性审计方案,因此,往往需要借助于第三方审计平台(Third Party Auditor,TPA)来构建。在这种情况下,当 TPA 为半可信或不可信时,极有可能发生数据泄露和篡改等安全威胁,数据隐私将无法保证,因此,在完整性审计的过程中保护用户数据隐私是必不可少的。

(4) 低复杂度。由于数据存储服务器(边缘数据中心)和数据所有者(边缘设备)存在计算能力、存储容量、网络带宽等方面的限制,因此在设计完整性审计方案时除了保证数据完整性之外,方案的复杂度问题也是一个重要因素。

3) 可搜索加密

在传统的云计算范式中,为了在实现数据安全性的同时降低终端资源消耗,用户往往采用某种加密方式将文件加密外包给第三方云服务器,但是当用户需要寻找包含某个关键字的相关文件时,将会遇到如何在云端服务器的密文上进行搜索操作的难题。为了解决此类问题,可搜索加密(Searchable Encryption,SE)应运而生,SE可以保障数据的私密性和可用性,并支持对密文数据的查询与检索。同样地,在边缘计算范式中,用户的文件数据也会被加密外包到边缘计算中心或云服务器中,可搜索加密也是边缘计算中保护用户隐私的一个重要方法。可搜索加密方案的一个典型问题在于其算法的复杂度过高,执行过程中功耗很大,这类弊端在面向物联网的边缘计算中尤为突出,因此,如何从算法的复杂度出发,设计一种高效的、适合边缘设备和隐私保护的可搜索加密方案是一个重要研究点。

(1) 安全排名可搜索加密。安全排名搜索是指系统按照一定的相关度准则(如关键字频率)将搜索结果返给用户。安全排名搜索提高了系统的适用性,符合边缘计算环境下的隐私数据保护的实际需求。

(2) 基于属性的可搜索加密。基于属性的可搜索加密能够在实现有效搜索操作的同时支持细粒度的数据共享。

(3) 支持动态更新的可搜索加密。在实际的加密数据搜索过程中,密文数据往往是动态更新的。传统的静态搜索方法仅对固定密文有效,当密文数据经过删除或增加操作后,就需要重新构造搜索信息。与之相反,动态可搜索加密方案能够有效支持密文数据的删除或增加操作,不需要重构搜索信息也能返回正确的搜索结果。

2. 身份认证技术

边缘计算中通常包含多个功能实体,如数据参与者(终用户端、服务提供商和基础设施提供商)、服务(虚拟机、数据容器)和基础设施(如终端基础设施、边缘数据中心和核心基础设施),因此,边缘计算是一种多信任域共存的分布式交互计算系统。在这种复杂的多实体计算范式下,不仅需要为每个实体分配一个身份,而且还需要允许不同信任域之间的实体进行相互验证。同时,考虑到终端设备的高移动特性,切换认证技术也是身份认证协议中的重要技术。

3. 访问控制技术

终用户端通常会将私有数据外包存储到边缘数据中心或云服务器中,数据的保密性很容易受到外部和内部攻击的威胁,因此,保密性和访问控制是确保系统安全性和保护用户隐私的关键技术和重要方法。访问控制技术主要包括基于属性的访问控制和基于角色的访问控制。

(1)基于属性的访问控制。边缘计算是以数据为主导的计算模式,因此,边缘计算的访问控制通常采用密码技术实现,传统的密码技术并不适用于分布式并行计算环境,而属性加密(ABE)能够很好地适用于分布式架构,实现细粒度数据共享和访问控制。

(2)基于角色的访问控制。基于角色的访问控制通过双重权限映射机制,即用户到角色和角色到数据对象上的权限映射来提供灵活的控制和管理。

4. 隐私保护技术

边缘计算中的用户数据通常在半可信(honest-but-curious)的授权实体(边缘数据中心、基础架构提供商)中存储和处理,包括用户身份信息、位置信息和敏感数据等,这些半可信授权实体的次要目标在于获取用户的隐私信息,以达到非法盈利等目的,而在边缘计算这个开放的生态系统中,多个信任域由不同的基础架构提供商控制,在这种情况下,用户不可能预先知道某个服务提供商是否值得信赖,因此,极有可能发生数据泄露或丢失等危及用户隐私的问题。隐私保护技术大体上可以分为基于数据失真、基于数据加密和基于限制发布的三类技术。

(1)数据失真技术:通过扰动(perturbation)原始数据实现隐私保护,它要使扰动后的数据同时满足:①攻击者不能发现真实的原始数据,也就是说,攻击者通过发布的失真数据不能重构出真实的原始数据。②失真后的数据仍然保持某些性质不变,即利用失真数据得出的某些信息等同于从原始数据上得出的信息。这就保证基于失真数据的某些应用的可行性。

（2）基于数据加密的技术：基于数据加密的技术采用加密技术在数据挖掘过程中隐藏敏感数据的方法，多用于分布式应用环境中，如分布式数据挖掘、分布式安全查询、几何计算、科学计算等。在分布式应用环境下，具体应用通常会依赖于数据的存储模式和站点的可信度及其行为。

（3）基于限制发布：限制发布即有选择地发布原始数据、不发布或发布精度较低的敏感数据，以实现隐私保护。当前此类技术的研究集中于"数据匿名化"，即在隐私披露风险和数据精度间进行折中，有选择地发布敏感数据及可能披露敏感数据的信息，但保证对敏感数据及隐私的披露风险在可容许范围内。

2.6 本章小结

本章主要介绍了边缘计算的相关知识，从边缘计算系统架构出发，介绍包括边缘计算的基础概念、整体架构及计算卸载、资源管理等相关内容。

第 3 章

边缘计算相关技术

3.1 边缘计算关键技术

3.1.1 虚拟机和容器

云计算技术的进步,使在诸如基站和网关等大量通用服务器上部署虚拟机变得更加容易。云计算能够提供强大的处理能力和海量的存储资源,云计算和物联网的整合也已被证明有利于提供新的服务,因此,将云计算功能集成到移动网络,能够为新兴移动服务的供应和管理提供高效的解决方案。

虚拟机(Virtual Machine,VM)技术是虚拟化技术的一种,所谓虚拟化技术就是将事物从一种形式转变成另一种形式,具体而言就是在一个宿主计算机体系结构上进行客户机各种操作系统模拟运行,对宿主计算机、客户机体系结构无明确要求,例如可以在一个 x86 计算机上运行基于 ARM 体系结构的不需要做任何修改的系统。从这个角度来为虚拟机下定义,可知虚拟机主要是指虚拟技术运行的媒介,即通过软件模拟的具有完整硬件系统功能的、在一个完全隔离环境中运行的一个完整的计算机系统。

虚拟化技术可应用的领域十分广泛,但是在不同的领域中应用原理存在着明显差异。具体而言,虚拟化技术主要通过拆分、整合、迁移这三项内容得以实现。虚拟机技术的应用多采用拆分原理,当某台计算机性能较高但是工作负荷与其不相匹配时,容易造成资源浪费,使用拆分虚拟技术即可将该计算机拆分为逻辑上的多台计算机,实现多名用户共同使用,在此情况下该计算机硬件资源的利用程度将会明显提高。

虚拟机技术是将一个物理计算机划分为一个或多个完全孤立的虚拟机技术,这些虚拟机并非运行在物理硬件之上,而是运行在通过虚拟化软件来生成一个虚拟的物理硬件层之上。实际上对于操作系统来讲就是运行在其之上的应用程序,但是在虚拟机的使用中会共享计算机的物理硬件,并且具有明显的优势:资源共享和隔离。在虚拟机的状态下,各种资源可以根据需要分配,甚至可以不重启虚拟机即可分配硬件资源;虚拟机环境能够实现隔离,即能够根据自身使用的需求在物理计算机上运行几个不同的操作系统,它们之间独立运行,但各自互不干扰。可以是同一种操作系统,也可以是不同的操作系统。这也是虚拟机技术和操作系统虚拟化技术的最大区别。

虚拟机通常包括整个操作系统及应用程序。它们还需要与之一起运行的管理程序来控制 VM。由于包括操作系统,因此大小为数吉字节。使用 VM 的缺点之一是需要花费几分钟来启动 OS,并且初始化所托管的应用程序,因此,又引入了容器技术。容器是轻量级的 OS 级虚拟化,可在资源隔离的过程中运行应用程序及其依赖项。运行应用程序所需的所有必要组件都打包为一个映像,并且可以重复使用。执行映像时,它在隔离的环境中运行,并且不共享内存、CPU 或主机 OS 的磁盘。这保证了容器内部的进程无法监视容器外部的任何进程。同时,这些容器是轻量级的,并且大多在兆字节范围内。

与传统云计算中的虚拟机技术不同,新兴的容器技术是一种内核轻量级的操作系统层虚拟化技术。它能够划分物理机的资源,创建多个与 VM 相比尺寸小得多的隔离用户空间实例。由于容器的轻量级特性,其能够在执行应用程序或服务时,提供简单的实例化。借助于容器技术的使用,能够实现边缘计算服务的便携式运行,为移动用户带来很大的便利。此外,由于容器技术提供了快速打包的机制,服务器端也能非常方便地将服务部署到大规模互联的边缘计算平台。

以 Docker 为主的容器技术是边缘设备上微服务的运行环境,并不需要特殊的虚拟化支持,然而,硬件虚拟化可以为 Docker 容器提供更加安全的隔离。2017 年年底,OpenStack 基金会正式发布基于 Apache 2.0 协议的容器技术 Kata Containers 项目,主要目标是使用户能同时拥有虚拟机的安全及容器技术的迅速和易管理性。云服务提供商使用虚拟化或者容器来构建平台及服务,如图 3.1 所示,应用程序和依赖的二进制库被打包运行在独立的容器中。在每个容器中,网络、内存和文件系统是隔离的。容器引擎管理所有的容器。所有的容器共享物理主机上的操作系统内核。

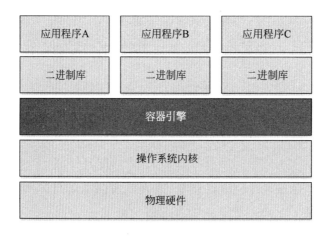

图 3.1　典型的容器结构

如上所述,以 Docker 为主的容器技术逐渐成为边缘计算的技术标准,各大云计算厂商选择容器技术构建边缘计算平台的底层技术栈。

边缘计算的应用场景非常复杂。从前面的分析可以清晰地看到边缘计算平台并不是传统意义上的只负责数据收集转发的网关。更重要的是,边缘计算平台需要提供智能化的运算能力,而且能产生可操作的决策反馈,用来反向控制设备端。过去,这些运算只能在云端完成。现在,需要将云端的计算框架通过裁剪、合并等简化手段迁移至边缘计算平台,使能在边缘计算平台上运行云端训练后的智能分析算法,因此,边缘计算平台需要一种技术在单台计算机或者少数几台计算机组成的小规模集群环境中隔离主机资源,实现分布式计算框架的资源调度。

边缘计算所需的开发工具和编程语言具有多样性。目前,计算机编程技术呈百花齐放的趋势,开发人员运用不同的编程语言解决不同场景的问题已经成为常态,所以在边缘计算平台需要支持多种开发工具和多种编程语言的运行环境,因此,在边缘计算平台使用一种运行时环境的隔离技术便成为必然的需求。

容器技术和容器编排技术逐渐成熟。容器技术是在主机虚拟化技术后最具颠覆性的计算机资源隔离技术。通过容器技术进行资源的隔离,不仅对 CPU、内存和存储的额外开销非常小,而且容器的生命周期管理也非常快捷,可以在毫秒级的时间内开启和关闭容器。

3.1.2　软件定义网络

目前,云计算和边缘计算都不能把对方所取代,可以互为补充、协同发展,可以通过软件定义网络(Software Defined Network,SDN)管理云计算和边缘计算之间的交互。随着移动智能终端设备的增加,给云计算传输网络带来了巨大的挑战和压力,而这种现状随着物联网设备和移动终端的骤增将进一步加剧。为此,创建云计算和边缘计算资源统一、协同、管控平台,是应对高负荷和高延迟的有效方式。SDN 作为统一云计算和边缘计算的技术,可在动态的、实时的、不可预测的场景下为负载配备资源,利用开放编程接口高效完成工作任务。

SDN 是一种新型的网络体系架构,SDN 技术使边缘网络具有智能化、可编程和易于管理的特点。SDN 的主要思想是分离网络的控制面和数据面,它的优势主要包括在通用硬件上创建网络控制面、通过 API 开放网络功能、远程控制网络设备及将网络智能从逻辑上解耦为不同的基于软件的控制器。借助 SDN 技术可以实现移动边缘计算平台所需的分层管理。

SDN 与传统网络最大的区别在于可以通过编写软件的方式灵活定义网络设备的转发功能。在传统网络中,控制平面功能分布式地运行在各个网络节点中,因此,新型网络功能的部署需要所有相应网络设备的升级,导致网络创新难以实现,而 SDN 将网络设备的控制平面与转发平面分离,并将控制平面集中实现,这样,新型网络功能的部署只需要在控制节点进行集中的软件升级,从而实现快速灵活地定制网络功能。另外,SDN 体系架构还具有很强的开放性,它通过对整个网络进行抽象,为用户提供完备的编程接口,使用户可以根据上层的业务和应用个性化地定制网络资源来满足其特有的需求。由于其开放可编程的特性,SDN 有可能打破某些厂商对设备、协议及软件等方面的垄断,从而使更多的人参与到网络技术的研发工作中。SDN 不仅是新技术,而且变革了网络建设和运营方式,从应用的角度构建网络,用 IT 的手段运营网络。

目前,各大厂商对 SDN 的系统架构都有自己的理解和认识,而且也都有自己独特的实现方式,其中最有影响力的开放网络基金会(Open Networking Foundation,ONF)在 SDN 的标准化进程中占有重要地位。图 3.2 给出了 ONF 定义的 SDN 系统架构,它认为 SDN 的最终目的是为软件应用提供一套完整的编程接口,上层的软件应用可以通过这套编程接口灵活地控制网络中的资源及经过这些网络资源的流量,并能按照应用需求灵活地调度这些流量。从图 3.2 中可以看到,ONF 定义的架构由 4 个平面组成,即数据平面(Data Plane,DP)、控制平面(Control Plane,CP)、应用平面(Application Plane,AP)及右侧的管理平面(Management Plane,MP),各平面之间使用不同的接口协议进行交互。

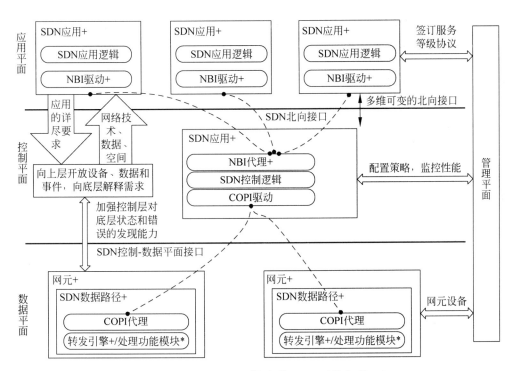

图 3.2 ONF 组织提出的 SDN 系统架构

1. 数据平面

数据平面由若干网元构成,每个网元可以包含一个或多个 SDN Datapath,是一个被管理资源在逻辑上的抽象集合。每个 SDN Datapath 是一个逻辑上的网络设备,它没有控制功能,只是单纯地用来转发和处理数据,它在逻辑上代表全部或部分物理资源,包括与转发相关的各类计算、存储、网络功能等虚拟化资源。

2. 控制平面

SDN 控制器是一个逻辑上集中的实体,它主要承担两个任务:一是将 SDN 应用层请求转换到 SDN Datapath;二是为 SDN 应用提供底层网络的抽象模型。一个 SDN 控制器包含北向接口代理、SDN 控制逻辑及控制数据平面接口驱动 3 部分。SDN 控制器只要求逻辑上完整,因此它可以由多个控制器实例协同组成,也可以是层级式的控制器集群。从地理位置上讲,既可以所有控制器实例在同一位置,也可以多个实例分散在不同位置。

3. 应用平面

应用平面由若干 SDN 应用构成,SDN 应用是用户关注的应用程序,它可以通过北向接口与 SDN 控制器进行交互,即这些应用能够通过可编程方式把需要的网络行为提交给控制器。一个 SDN 应用可以包含多个北向接口驱动,同时 SDN 应用也可以对本身的功能进行抽象、封装,来对外提供北向代理接口,封装后的接口成为更高级的北向接口。

4. 管理平面

管理平面主要负责一系列静态的工作,这些工作比较适合在应用平面、控制平面、数据平面外实现。例如,进行网元初始配置、指定 SDN Datapath 控制器、定义 SDN 控制器及 SDN 应用的控制范围等。

SDN 系统架构采用集中式的控制平面(通常是控制器)和分布式的转发平面,两个平面相互分离,控制器位于上层应用与物理设备之间,控制器首先负责把网络中的各种功能进行抽象,建立具体的操作模型,并向上提供编程接口,上层应用着重根据业务需求通过控制器与物理设备进行交互,网络中的设备通过控制器向应用平面传递信息。控制器利用控制-转发通信接口对转发平面上的网络设备进行集中控制,并向上提供灵活的可编程能力,为网络提供了可编程性和多租户支持,从而实现新型服务的快速部署,极大地提高了网络的灵活性和可扩展性。

在 SDN 架构中,控制平面的控制器通过控制-转发通信接口对网络设备进行集中控制,这部分控制信令的流量发生在控制器与网络设备之间,独立于终端之间通信产生的数据流量,网络设备通过接收控制信令生成转发表,并决定数据流量的处理,不再需要复杂的分布式网络协议来决策数据转发。

边缘计算的基础是连接性。所连接物理对象的多样性及应用场景的多样性,需要边缘计算具备丰富的连接功能,如各种网络接口、网络协议、网络拓扑、网络部署与配置、网络管理与维护。连接性需要充分借鉴吸收网络领域的先进研究成果,如实时网络(Time Sensitive Network,TSN)、SDN、NFV、Network as a Service、WLAN、NB-IoT、5G 等,同时还要考虑与现有各种工业总线的互联互通。

其中,将 SDN 应用于边缘计算的独特价值如下。

1）支持海量连接

支持百万级海量网络设备的接入与灵活扩展,能够集成和适配多厂商网络设备的管理。

2）模型驱动的策略自动化

提供灵活的网络自动化与管理框架,能够将基础设施和业务发放功能服务化,实现智能资产、智能网关、智能系统的即插即用,大大降低对网络管理人员的技能要求。

3）端到端的服务保障

对端到端的 GRE、L2TP、IPSec、Vxlan 等隧道服务进行业务发放,优化 QoS 调度,满足端到端带宽、时延等关键需求,实现边缘与云的业务协同。

4）架构开放

将集中的网络控制及网络状态信息开放给智能应用,应用可以灵活快速地驱动网络资源的调度。

3.1.3　内容交互/分发网络

内容分发网络(CDN)本质上是优化资源的存储位置,把一些内容进行分散、分拆、缓存,从而为用户提供高质量的、就近的、低延迟的服务,它依靠部署在各地的边缘服务器,通过中心平台的负载均衡、分发、调度等功能模块,使用户就近获取所需内容,降低网络拥挤,提高用户访问响应速度和命中率。CDN 的关键技术主要有内容存储和分发技术。

CDN 与边缘计算技术在理念上有很大交集,主要作为内容资源方的分发平台存在。从技术发展的角度看,CDN 不能完全依托云计算,原因在于云计算是把大量 IT 基础设施集中到一起,而不是分布在各地,从目前看来,把过多的服务器集中部署到某一地方,形成数据中心、云计算中心,所有的通信网络过度集中在一起,从技术上就不能称为 CDN。CDN 本质上是一种靠近用户侧、需求侧的内容边缘分发网络,根据实时请求,选择最佳的路径及 IT 资源为用户提供内容分发服务。

随着用户规模的继续攀升,未来的 CDN 会需要更多的边缘设备,以为其提供高可靠的连接、低时延的服务。从目前看,CDN 的定位一直是通信网的辅助网络,随着通信量的提升,将有机会成为信息通信的基础设施,因此,边缘计算作为 CDN 发力的抓手,随着技术的不断发展,性能带来的优越性,可通过大规模部署边缘节点、边缘网络、边缘存储、边缘缓存等资源,在资源的供应侧提供有力的资源储备和性能优化条件,以增强用户的体验。

CDN 技术的基本原理是广泛采用各种缓存服务器,将这些缓存服务器分布到用户访问相对集中的地区或网络中,在用户访问网站时,利用全局负载技术将用户的访问指向距离最近的、工作正常的缓存服务器上,由缓存服务器直接响应用户请求。

CDN 有哪些好处?采用 CDN 技术最大的好处就是加速了网站的访问,使用户与内容之间的物理距离缩短,用户的等待时间也得以缩短,而且,分发至不同线路的缓存服务器也让跨运营商之间的访问得以加速。例如中国移动手机用户访问中国电信网络的内容源,可以通过在中国移动架设的 CDN 服务器进行加速,加速效果非常明显。此外,CDN 还有安全方面的好处。内容进行分发后,源服务器的 IP 被隐藏,其受到攻击的概率会大幅下降,而且,当某个服务器发生故障时,系统会调用邻近的正常的服务器继续提供服务,避免对用户造成影响。正因为 CDN 的好处很多,所以,目前所有主流的互联网服务提供商都采用了 CDN 技术,所有的云服务提供商也都提供了 CDN 服务(价格也不算贵,按流量计费)。

CDN 强调内容的备份和缓存,而边缘计算的基本思想则是功能缓存(Function Cache,FC),这实际上借鉴了 CDN 的基本思想,所以 CDN 是边缘计算最初的原型。

3.1.4 任务单元和微数据中心

Cloudlet 是 2013 年 Carnegie Mellon University(卡内基梅隆大学)提出的概念,Cloudlet 是一个连接到互联网的可信且资源丰富的主机或机群,它部署在网络边缘与互联网连接并可以被周围的移动设备所访问,为设备提供服务。Cloudlet 将原先移动计算的两层架构"移动设备-云"变为三层架构"移动设备-Cloudlet-云",Cloudlet 也可以像云一样为用户提供服务,所以它又被称为"小云"(Data Center in a Box,DCB)。

Cloudlet 主要用来支持移动云计算中计算密集型与延迟敏感型的应用(如人脸识别),当附近有 Cloudlet 可以使用时,计算资源匮乏的移动设备可以将计算密集型任务卸载到 Cloudlet,移动设备既不需要处理计算密集型任务,又能保证任务的快速完成,因此,Cloudlet 的主要功能就是配置并运行部分来自移动设备或云端的计算任务。Cloudlet 的软件栈分为三层:第一层由操作系统和 Cache 组成,其中 Cache 主要对云中的数据进行缓存;第二层是虚拟化层,将资源虚拟化,并通过统一的平台 OpenStack++对资源进行管理;第三层是虚拟机实例,移动设备卸载的应用都在虚拟机中运行,这样可以弥补移动设备与 Cloudlet 应用运行环境(操作系统、函数库等)的差异。一个在移动设备与 Cloudlet 之间的计算迁移过程如图 3.3 所示。

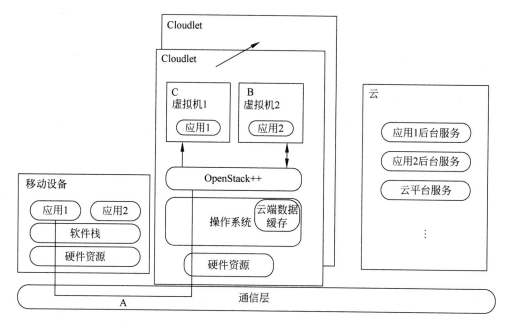

图 3.3　移动设备与 Cloudlet 之间的计算迁移过程

首先,从图 3.3 中可以看出,Cloudlet 使用一个单独虚拟机来为每个移动设备卸载的任务提供运行环境,这样做虽然会在一定程度上造成计算资源的浪费,却有很多优点,主要包括将 Cloudlet 的软件环境与运行应用的环境隔离,二者之间不会相互影响,增强稳定性;因其动态资源分配,随用随取,对应用软件的开发几乎没有任何约束,可弥补多种多样的移动设备与 Cloudlet 应用运行环境(如操作系统、函数库等)的差异。这些优势有助于实现 Cloudlet 的自我管理,大大简化云端对 Cloudlet 的管理复杂度。

与云不同,Cloudlet 部署在网络边缘,主要面向的是移动设备,并且只服务附近的用户,所以在进行计算迁移时需要支持移动性,移动的设备可以自动选择使用最近的 Cloudlet,如图 3.2 所示,Cloudlet 对应用移动性的支持主要依赖以下三个关键步骤。

(1) Cloudlet 资源发现(Cloudlet discovery):Cloudlet 在地理位置上广泛分布,同一时刻,周围可能有多个可用的 Cloudlet 服务器,所以资源发现机制可以快速发现周围可用的 Cloudlet,并选择最合适的作为卸载任务的载体。

（2）虚拟机快速配置（VM rapid provisioning）：移动性导致用户不可能提前在 Cloudlet 上准备好配置相关的资源（如虚拟机镜像），通过网络上传这些资源需要漫长的等待,严重影响可用性,所以需要一种虚拟机快速配置技术在选定的 Cloudlet 上启动运行应用的虚拟机,并配置运行环境。

（3）资源切换（VM handoff）：Cloudlet 的特点是贴近用户,但在很多情况下, Cloudlet 无法跟随用户一起移动。虽然保持网络的连接就可以一直维持服务,但是移动设备与 Cloudlet 的网络距离可能会增加,网络的带宽、时延等因素也可能会随之恶化,因此一个更好的解决方案是将任务从原来的 Cloudlet 无缝地切换到附近的 Cloudlet 上执行,资源切换机制就实现这个功能。

动态虚拟机合成（Dynamic VM Synthesis）是 Cloudlet 支持移动性的关键技术,可以将虚拟机镜像拆分为基底（Base）与覆盖层（Overlay）,基底与覆盖层也可以重新组合为虚拟机镜像。基底包含虚拟机的操作系统、函数库等基础软件,这一部分在虚拟机镜像之间都是重复的,并且占用空间大,而覆盖层是一个很小的二进制增量文件,只包含用户在原始虚拟机上的一些定制信息,占用空间小。在虚拟机配置和资源切换时,使用动态虚拟机合成技术可以只传输轻量的覆盖层,减少了数据传输量,加快了虚拟机配置和资源切换的速度,保证了应用在 Cloudlet 中可以得到及时的资源供给。

此外,微软研究院提出了微型数据中心的概念,作为当今超大规模云数据中心的延伸。与 Cloudlet 类似,微型数据中心也设计用于满足需要较低延迟或在电池寿命或计算方面面临限制的应用程序的需求。微型数据中心装在一个机箱中,是一个独立的、安全的计算环境,包括运行客户应用程序所需的所有计算、存储和网络设备。微型数据中心的功率范围为 $1\sim100kW$,以满足考虑 IT 负载的可扩展性和延迟要求,并且如果将来需要更多容量,也可以扩展。

微数据中心（MDC）是硬件、软件和电缆的多功能组合,用作端到端的网络集线器,类似于电信室或网络室,但比典型的企业数据中心规模小得多。它的目的是提供公司和工业网络联系的紧密性。设计良好的 MDC 可以保护控制和信息数据的完整性、可用性和机密性。它促进了从工厂到企业的连接,提供了对制造过程的更大可视性,以识别问题、优化过程和规划未来。

MDC 的定义特征是它在单个空间中容纳完整的数据中心基础设施——电子设备、贴片场、电缆管理、接地/粘接、电源和铜/光纤电缆——但其大小要满足制造环境的需求。MDC 是一个新概念,代表业务管理的下一个阶段,是分支机构的核心解决方案,设计理念为了简化、开放、"熄灯管理(Lights Out Management, LOM)",集设备集成、计算与存储、路由与交换、安全与 VPN、广域网与 WLAN 接入、VoIP 等企业常用应用、打印与文件服务器等功能于一体。所有这些都是预先集成的,因此交付和部署变得非常快速和方便。它有烟雾传感器、温度和湿度传感器、漏水传感器、智能 PDU 和圆顶摄像头等环境传感器。MDC 还可以采取没有服务器的网络集线器形式,其存在主要是为了将电缆和交换机连接在一起。对于大型制造联合体或远程位置,MDC 可以充当数据收集节点,将制造数据向上传递给企业(存储和转发)。最后,MDC 还可以为虚拟机(VM)系统提供高可靠和高效率的服务器。

微数据中心通过"熄灯管理"进行管理,它允许用户或系统管理员远程管理服务器。该程序还允许不仅便于监测,还便于执行的操作,如重启、关机、故障排除、报警设置、风扇速度控制和操作系统重新安装。

3.2　边缘计算系统

3.2.1　Apache Edgent

Apache Edgent 是一个开源的编程模型,它可以被嵌入边缘设备,用于提供对连续数据流的本地实时分析。Apache Edgent 解决的问题,是如何对来自边缘设备的数据进行高效的分析处理。为加速边缘计算应用在数据分析处理上的开发过程,Apache Edgent 提供了一个开发模型和一套 API 用于实现数据的整个分析处理流程。基于 Java 或安卓的开发环境,Apache Edgent 应用的开发模型如图 3.4 所示。

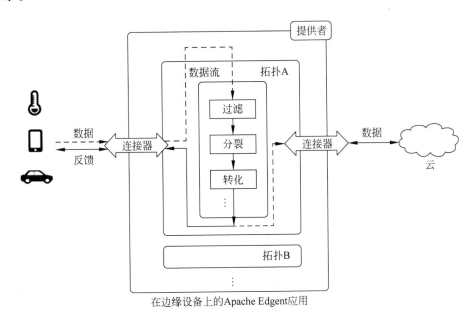

图 3.4　Apache Edgent 应用的开发模型

该模型由提供者、拓扑、数据流、数据流的分析处理、后端系统 5 个组件组成。

(1) 提供者:一个提供者对象包含了有关 Apache Edgent 应用程序的运行方式和位置信息,并具有创建和执行拓扑的功能。

(2) 拓扑:一个容器,描述了数据流的来源和如何更改数据流的数据。数据的输入、处理和导出至云的过程都记录在拓扑中。

(3) 数据流:Apache Edgent 提供了多种连接器以不同方式接入数据源,例如支持消息队列遥测传输(MQTT)、超文本传输协议(HTTP)和串口协议等,用户还可以添加自定义代码以控制传感器或设备的数据输入。此外,Apache Edgent 的数据不局限于来自真实传感器或者设备的数据,还支持文本文件和系统日志等。

（4）数据流的分析处理：Apache Edgent 提供一系列功能性的 API 以实现对数据流的过滤、分裂、变换和聚合等操作。

（5）后端系统：由于边缘设备的计算资源稀缺,Edgent 应用程序无法支撑复杂的分析任务。用户可以使用连接器,通过 MQTT 和 Apache Kafka 方式连接至后端系统,或者连接至 IBM Watson IoT 平台进一步对数据做处理。

Apache Edgent 应用可部署于运行 Java 虚拟机的边缘设备中,实时分析来自传感器和设备的数据,减少了上传至后端系统（如云数据中心）的数据量,并降低了传输成本。Apache Edgent 的主要系统特点是提供了一套丰富的数据处理 API,切合物联网应用中数据处理的实际需求,降低应用的开发难度并加速开发过程。Apache Edgent 的主要应用领域是物联网,此外,它还可以被用于分析日志、文本等类型的数据,例如嵌入服务器软件中用以实时分析错误的日志。

3.2.2　OpenStack

OpenStack 是一个由美国宇航局 NASA 与 Rackspace 公司共同开发的云计算平台项目,并且通过 Apache 许可证授权开放源码。它可以帮助服务商和企业实现云基础架构服务。下面是 OpenStack 官方给出的定义：OpenStack 是一个可以管理整个数据中心里大量资源池的云操作系统,包括计算、存储及网络资源。管理员可以通过管理台管理整个系统,并可以通过 Web 接口为用户划定资源。

OpenStack 是一个云操作系统,它控制整个数据中心的大型计算、存储和网络资源池,所有这些都是通过具有通用身份验证机制的 API 和 Dashboard 管理的。通过 Dashboard,让管理员可以控制、赋予他们的用户去提供资源的权限（能够通过 Dashboard 控制整个 OpenStack 云计算平台的运作）。除了标准的基础设施（服务功能）外,其他组件还提供编制、故障管理和其他服务之间的服务管理;以确保用户应用程序的高可用性。

OpenStack 覆盖了网络、虚拟化、操作系统、服务器等各方面。它是一个正在开发中的云计算平台项目,根据成熟及重要程度的不同,被分解成核心项目、孵化项目,以及支持项目和相关项目。每个项目都有自己的委员会和项目技术主管,而且每个项目都不是一成不变的,孵化项目可以根据发展的成熟度和重要性,转变为核心项目。下面列出了 10 个核心项目(OpenStack 服务)。

(1) 计算(Compute):Nova。一套控制器,用于为单个用户或使用群组管理虚拟机实例的整个生命周期,根据用户需求来提供虚拟服务。负责虚拟机创建、开机、关机、挂起、暂停、调整、迁移、重启、销毁等操作,配置 CPU、内存等信息规格。自 Austin 版本集成到项目中。

(2) 对象存储(Object Storage,OS):Swift。一套用于在大规模可扩展系统中通过内置冗余及高容错机制实现对象存储的系统,允许进行存储或者检索文件。可为 Glance 提供镜像存储,为 Cinder 提供卷备份服务。自 Austin 版本集成到项目中。

(3) 镜像服务(Image Service,IS):Glance。一套虚拟机镜像查找及检索系统,支持多种虚拟机镜像格式(AKI、AMI、ARI、ISO、QCOW2、Raw、VDI、VHD、VMDK),有创建上传镜像、删除镜像、编辑镜像基本信息的功能。自 Bexar 版本集成到项目中。

(4) 身份服务(Identity Service,IS):Keystone。为 OpenStack 其他服务提供身份验证、服务规则和服务令牌的功能,管理 Domains、Projects、Users、Groups、Roles。自 Essex 版本集成到项目中。

(5) 网络 & 地址管理(Network):Neutron。提供云计算的网络虚拟化技术,为 OpenStack 其他服务提供网络连接服务。

为用户提供接口,可以定义 Network、Subnet、Router,配置 DHCP、DNS、负载均衡、L3 服务,网络支持 GRE、VLAN。插件架构支持许多主流的网络厂家和技术,如 OpenvSwitch。自 Folsom 版本集成到项目中。

（6）块存储（Block Storage,BS）：Cinder。为运行实例提供稳定的数据块存储服务,它的插件驱动架构有利于块设备的创建和管理,如创建卷、删除卷,在实例上挂载和卸载卷。自 Folsom 版本集成到项目中。

（7）UI 界面（Dashboard）：Horizon。OpenStack 中各种服务的 Web 管理门户,用于简化用户对服务的操作,例如启动实例、分配 IP 地址、配置访问控制等。自 Essex 版本集成到项目中。

（8）测量（Metering）：Ceilometer。像漏斗一样,能把 OpenStack 内部发生的绝大多数事件收集起来,然后为计费和监控及其他服务提供数据支撑。自 Havana 版本集成到项目中。

（9）部署编排（Orchestration）：Heat。提供了一种通过模板定义的协同部署方式,实现云基础设施软件运行环境（计算、存储和网络资源）的自动化部署。自 Havana 版本集成到项目中。

（10）数据库服务（Database Service,DS）：Trove。为用户在 OpenStack 的环境提供可扩展、可靠的关系和非关系数据库引擎服务。自 Icehouse 版本集成到项目中。

3.2.3　EdgeX Foundry

EdgeX Foundry 是一个面向工业物联网边缘计算开发的标准化互操作性框架,部署于路由器和交换机等边缘设备上,为各种传感器、设备或其他物联网元器件提供即插即用功能并管理它们,进而收集和分析它们的数据,或者导出至边缘计算应用或云计算中心做进一步处理。它针对的问题是物联网元器件的互操作性问题。目前,具有大量设备的物联网产生大量数据,迫切需要结合边缘计算的应用,但物联网的软硬件和接入方式的多样性给数据接入功能带来困难,影响了边缘计算应用的部署。EdgeX Foundry 的主旨是简化和标准化工业物联网边缘计算的架构,创建一个围绕互操作性组件的生态系统。

EdgeX Foundry 主要具有减少网络延迟、网络流量,提高安全性等优势,对于不同 IoT 节点软件,更容易与云端的通用架构连接并且互操作性强。

EdgeX Foundry 在物联网方面有很广泛的应用:终端客户可以快速、轻松地部署 IoT Edge 解决方案,灵活地适应不断变化的业务需求;硬件制造商可以通过互操作性实现更强大的安全系统,加快扩张速度;软件供应商可与第三方应用程序实现互操作,无须重新创建连接;系统集成商可通过即插即用的方式加快产业速度。越来越多的物联网应用企业,重视并强调前端装置的端点运算和分析能力,希望在前端集中处理更多的运算分析工作,加快数据分析和处理速度,以解决不同供应商端点运算装置、应用和服务件的互操作性。

EdgeX Foundry 是一系列松耦合、开源的微服务集合。这些微服务分为 4 个层次:设备服务层、核心服务层、支持服务层和导出服务层。以核心服务层为界,整个服务架构可以分为"北侧"和"南侧"。"北侧"包含云计算中心和与云计算中心通信的网络,还包含支持服务层与导出服务层。"南侧"包含物理领域中的全部物联网对象及与它们直接通信的网络边缘。EdgeX Foundry 还包含了两个贯穿整个框架且为各层提供服务的基础服务层——安全和系统管理。安全服务中的元器件为 EdgeX Foundry 中的各类设备提供保护,支持认证、授权和计费(Authentication、Authorization、Accounting,AAA)访问控制、高级加密标准(Advanced Encryption Standard,AES)数据加密、证书认证、超文本传输安全协议(HTTPS)等保护方法。系统管理工具提供了监控 EdgeX Foundry 运行情况的能力,在未来可能会提供服务配置、为管理平台提供信息等能力。

EdgeX Foundry 并不仅是一个标准,还是一个极具可操作性的开源平台。图 3.5 展示了 EdgeX Foundry 的架构。架构的设计遵循了以下原则:架构应与平台无关,能够与多类别操作系统进行对接;架构需具有高灵活性,其中的任意部分应该都可以进行升级、替换或扩充;架构需具有存储和转发的功能,支持离线运行,并保证计算能力能够靠近边缘。图 3.5 的最下方是"南侧",指的是所有物联网元器件,以及与这些设备、传感器或其他物联网元器件直接通信的边缘网络。图 3.5 的最上方是"北侧",指的是云计算中心或企业系统,以及与云中心通信的网络部分。南侧是数据产生源,而北侧收集来自南侧的数据,并对数据进行存储、聚合和分析,如图 3.5 所示,EdgeX Foundry 位于南侧和北侧两者之间,由一系列微服务组成,而这些微服务可以被分成 4 个服务层和两个底层增强系统服务。微服务之间通过一套通用的 RESTful 应用程序编程接口(API)进行通信。

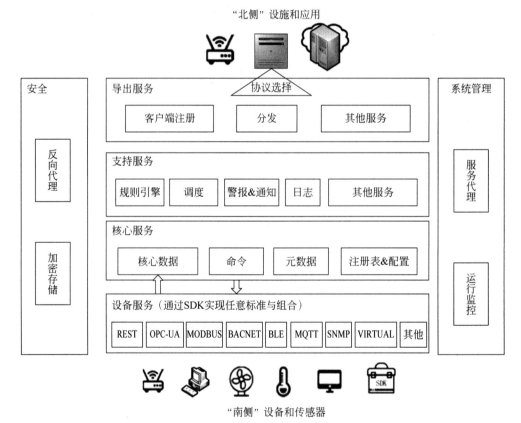

图 3.5　EdgeX Foundry 的架构

1. 设备服务层

设备服务层(Device Service,DS)是与南侧设备或物联网对象交互的边缘连接器,设备服务可以同时服务于一个或多个设备(传感器、制动器等)。DS 管理的"设备"不是简单的单一物理设备,它可能是 EdgeX Foundry 的另一个网关(及该网关的所有设备)、设备管理器或设备聚合器/设备集合。设备服务层的微服务通过每个物联网对象本身的协议与设备、传感器、执行器和其他物联网对象进行通信。DS 层将由 IoT 对象生成和传递的数据转换为常见的 EdgeX Foundry 数据结构,并将转换后的数据发送到 Core Service Layer 及 EdgeX Foundry 其他层的其他微服务。

2. 核心服务层

核心服务层介于北侧与南侧之间,这里的北侧即上文所述的信息域,南侧即上文所述的物理域。核心服务层非常简单,却是 EdgeX Foundry 框架内非常重要的一环。核心服务层主要由以下组件组成。

(1)核心数据:提供持久性存储库和从南侧对象收集数据的相关管理服务,存储和管理来自南侧设备的数据。

(2)命令:负责将云计算中心的需求驱动至设备端,并提供命令的缓存和管理服务。

(3)元数据:提供配置新设备并将它们与其拥有的设备服务配对功能。

(4)相关配置:存储设备服务的相关信息,为其他 EdgeX Foundry 微服务提供关于 EdgeX Foundry 内相关服务的信息,包括微服务配置属性。

3. 支持服务层

支持服务层包含各种微服务,该层微服务主要提供边缘分析服务和智能分析服务,并可以为框架本身提供日志记录、调度、规则引擎和数据清理等支持功能。以规则引擎微服务为例,允许用户设定一些规则,当检测到数据满足规则要求时,将触发一个特定的操作。例如规则引擎可监测控制温度传感器,当检测到温度低于 25℃时,触发对空调的关闭操作。

4. 导出服务层

导出服务层用于将数据传输至云计算中心,也负责提供网关客户端注册等功能,并对与云计算中心传递的数据格式和规则进行实现,由客户端注册和分发等微服务组件组成。前者记录已注册的后端系统的相关信息,后者将对应数据从核心服务层导出至指定客户端。它保证了 EdgeX Foundry 的独立运行,在其不与云计算中心连接时,仍可以对边缘设备的数据进行收集。

5. 系统管理和安全服务

系统管理服务提供安装、升级、启动、停止和监测控制 EdgeX Foundry 微服务的功能。安全服务用以保障来自设备的数据和对设备的操作安全。

最新版本的 EdgeX Foundry 没有为用户自定义应用提供计算框架,用户可以将应用部署在网络边缘,将该应用注册为导出客户端,进而将来自设备的数据导出至应用来处理。EdgeX Foundry 的设计满足硬件和操作系统无关性,并采用微服务架构。EdgeX Foundry 中的所有微服务能够以容器的形式运行于各种操作系统,并且支持动态增加或减少功能,具有可扩展性。EdgeX Foundry 的主要系统特点是为每个接入的设备提供通用的 RESTful API 以操控该设备,便于大规模地监测控制物联网设备,满足物联网应用的需求。EdgeX Foundry 的应用领域主要在工业物联网,如智能工厂、智能交通等场景,以及其他需要接入多种传感器和设备的场景。

3.2.4　Azure IoT Edge

云计算服务提供商是边缘计算的重要推动者之一，基于云边融合的理念，致力于将云服务能力拓展至网络边缘。微软公司推出了 Azure IoT Edge，并在 2018 年宣布将 Azure IoT Edge 开源。

Azure IoT Edge 是一种混合云和边缘的边缘计算框架，旨在将云功能拓展至具备计算能力的边缘设备（如路由器和交换机等）上，以获得更低的处理时延和实时反馈。Azure IoT Edge 运行于边缘设备上，但使用与云上的 Azure IoT 服务相同的编程模型，因此用户在开发应用的过程中除对计算能力的考量外，无须考虑边缘设备上部署环境的差异，还可以将在云上原有的应用迁移至边缘设备上运行。

如图 3.6 所示，Azure IoT Edge 由 IoT Edge 模块、IoT Edge 运行时和 IoT Edge 云界面组成，前两者运行在边缘设备上，后者则是一个在 Azure 云上提供服务的管理界面。

（1）IoT Edge 模块：对应于用户的边缘计算应用程序。一个模块镜像即一个 Docker 镜像，模块里包含用户的应用代码，而一个模块实例就是一个运行着对应的模块镜像的 Docker 容器。基于容器技术，IoT Edge 具备可扩展性，用户可动态添加或删除边缘计算应用。由于相同的编程模型，Azure 机器学习和 Azure 数据流分析等 Azure 云服务也可以部署到 IoT Edge 模块，此特性便于在网络边缘部署复杂的人工智能应用，加快了开发过程。

（2）IoT Edge 运行时：由 IoT Edge 中心和 IoT Edge 代理两个组件构成，前者负责通信功能，后者负责部署和管理 IoT Edge 模块，并监测控制模块的运行。IoT 中心是在 Azure 云上的消息管理中心，IoT Edge 中心与 IoT 中心连接并充当其代理。IoT Edge 中心通过 MQTT、高级消息队列协议（Advanced Message Queuing Protocol，AMQP）和 HTTPS 获取来自传感器和设备的数据，实现设备接入的功

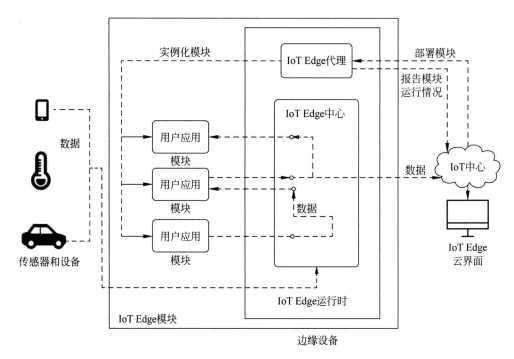

图 3.6　Azure IoT Edge 计算框架

能。此外，IoT Edge 中心作为消息中转站，连接 IoT Edge 模块之间的消息通信。IoT Edge 代理从 IoT Hub 接收 IoT Edge 模块的部署信息，实例化该模块，并保证该模块的正常运行，如对故障模块进行重启，并将各模块的运行状态报告至 IoT 中心。

（3）IoT 云界面：提供设备管理的功能。用户通过云界面进行添加设备、部署应用和监测控制设备等操作，为用户大规模部署边缘计算应用提供了方便。

Azure IoT Edge 的主要系统特点是强大的 Azure 云服务的支持，尤其是人工智能和数据分析服务的支持。Azure IoT Edge 具有广阔的应用领域，除了物联网场景，原有在云上运行的应用也可以根据需求迁移至网络边缘上运行。目前 Azure IoT Edge 已有智能工厂、智能灌溉系统和无人机管理系统等使用案例。

3.2.5　AWS Greengrass

AWS IoT Greengrass 是将云功能扩展到本地设备的软件。这使设备可以更靠近信息源来收集和分析数据,自主响应本地事件,同时在本地网络上彼此安全地通信。本地设备还可以与 AWS IoT Core 安全通信并将 IoT 数据导出到 AWS 云。AWS IoT Greengrass 开发人员可以使用 AWS Lambda 函数和预构建的连接器来创建无服务器应用程序,这些应用程序将部署到设备上以进行本地执行。

作为全球最大的云服务提供商,亚马逊公司专门针对边缘计算和物联网推出了 AWS Greengrass 软件,旨在减少设备和数据处理层之间的时延、减少将大量数据传输到云端的带宽成本,并在本地保留敏感数据以实现合规和安全性。AWS Greengrass 支持互联设备的本地计算、消息收发、数据缓存和同步功能。借助 AWS Greengrass,开发人员可以使用亚马逊的 AWS Lambda 服务和 AWS IoT 平台,跨 AWS 云和本地设备无缝运行物联网应用程序接口,确保物联网设备快速响应本地事件,运行时采用间歇性连接,并最大程度地降低将物联网数据传输到云的成本。

AWS Greengrass 主要由以下 3 种要素构成。

(1) 软件分发 AWS Greengrass 核心软件、AWS Greengrass 核心软件开发工具包。

(2) 云服务 AWS Greengrass API。

(3) 当功能 Lambda 运行时:设备状态(Thing Shadows Implementation,TSI)、消息管理器、组管理、发现服务。

更多关于 AWS Greengrass 的功能、如何安装和配置 AWS Greengrass、如何启动和运行 AWS Greengrass、AWS Greengrass 安全性等相关问题,读者可查阅亚马逊 AWS Greengrass 官方网站。

3.3　本章小结

边缘计算的核心思想就是将云计算能力延伸到网络边缘,本章主要介绍了边缘计算的关键技术,并对新兴的边缘计算系统做了概要介绍。

第 4 章

边缘计算与云计算

4.1 云计算基本概念

13min

云计算作为互联网商业服务模式的新范例,通过最少的管理工作或服务提供商交互快速供应和发布可配置计算资源(如网络、服务器、存储、应用和服务)的共享池。云计算既指通过因特网作为服务提供的应用程序,也指提供这些服务的数据中心中的硬件和系统软件。美国国家标准与技术研究院(National Institute of Standards and Technology,NIST)将云计算定义为一种可以实现随时随地、便捷地、按需地从可配置计算资源共享池中获取所需资源的模型。云计算作为一种按需网络访问模型,具有以下 5 个基本特征:资源共享、快速弹性扩展、广泛的网络访问、按需自助服务和测量服务。资源共享是指云计算以多租户的模式为多个消费者提供服务,并根据消费者的需求动态地分配和重新分配不同的物理和虚拟资源。快速弹性扩展是指在云计算中消费者能够实现资源的快速弹性扩展和释放。广泛的网络访问是指云计算作为一种网络服务通过标准机制设置实现异构平台客户端使用并访问资源。按需自助服务是指消费者可以通过自助操作实现单方面的管理和操作,例如服务器时间和网络存储等。测量服务是指云计算平台通过在适合于服务类型的某种抽象级别上利用测量功能来自动控制和优化资源的使用。

云计算有助于将计算、存储和网络基础设施的范围和功能扩展到应用程序。云数据中心是高度可访问的虚拟化资源的大型池,可以为可扩展的工作负载动态地重新配置;这种可重构性有利于采用即用即付成本模型提供的云服务。云服务在许多应用领域的数量和规模都在急剧增加。到 2014 年,云服务市场规模已达到 1489 亿美元。即付即用的成本模式使用户可以方便地访问远程计算资源和数据管理服务,而只需按使用的资源量收费。谷歌、IBM、微软和亚马逊等云提供商提供和配置大型数据中心来托管这些基于云的资源。

4.2　云模型

4.2.1　云交付模型

云计算采用服务驱动的业务模型,即硬件和平台级资源按需提供服务。云交互模型是云提供者所提供的具体的事前打包好的资源组合。在实践中,形式化的云交付模型可以分为三类:软件即服务(SaaS)、平台即服务(Platform as a Service, PaaS)和基础架构即服务(Infrastructure as a Service,IaaS)。

软件即服务(SaaS):(SaaS)是指通过网络提供按需应用程序,通常使用一种可重用云服务对大多数用户可用,用户通过不同的服务条款和服务目的的租用或使用产品,例如软件服务提供商 Salesforce、Rackspace 和 SAP 等,结构如图 4.1 所示。

平台即服务(PaaS):PaaS 是指提供平台层资源,包括操作系统支持和软件开发框架,提供商包括 Google App Engine、Microsoft Azure 和 Force.com。PaaS 构建在 IaaS 之上的服务,用户通过云服务提供的软件工具和开发语言,部署自己需

图 4.1　软件即服务

要的软件运行环境。用户不需要控制底层的存储、网络、操作系统等技术问题，PaaS 是软件的运行环境和配置。PaaS 允许云消费者开发软件并完全支持软件生命周期(通常在中间件的帮助下)用于软件管理和配置。PaaS 的所有者为基础设施提供商，其中包括 Amazon EC2、GoGrid 和 FlexiScale。

基础设施即服务(IaaS)：IaaS 为用户提供以基础设施为中心的 IT 资源，包括处理、存储、网络和其他基本的计算资源，即指基础设施资源的按需配置，通常为虚拟机。

云计算架构如图 4.2 所示，在云架构中的每层都可以被视为上层服务，相反每层都可以被视为下面一层的客户。每层的具体含义及功能如下。

硬件层：硬件层负责管理云的物理资源，包括物理服务器、路由器、交换机、电源和冷却系统等。数据中心位于云计算架构中的硬件层，通常包含数千台服务器，这些服务器组织放置在机架中并通过交换机、路由器或其他结构互连。硬件层中的典型问题包括硬件配置、容错、流量管理、电源和冷却资源管理。

基础架构层：基础架构层也称为虚拟化层，基础架构层通过 Xen、KVM 和 VMware 等虚拟化技术对物理资源进行分区，从而创建存储和计算资源池。基础架构层是云计算的重要组成部分,许多关键功能(例如动态资源分配)均通过虚拟化技术提供。

平台层:平台层构建于基础架构层之上,由操作系统和应用程序框架组成。平台层的目的是将应用程序直接部署到虚拟机容器中,实现基础架构层的负担最小化。

应用程序层:应用程序层分布在云计算层次结构的最高层,应用程序层由实际的云应用程序组成。与传统应用程序不同,云应用程序可以利用自动扩展功能实现更好的性能,提高可用性和降低运营成本。

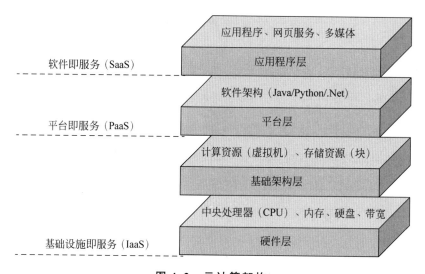

图 4.2　云计算架构

应用程序开发人员可以根据云计算架构所提供的服务进行开发。IaaS 允许云消费者直接访问 IT 基础设施以进行处理、存储和使用网络资源。假设小明想要建立一个高科技农业系统,该系统利用物联网设备监控农作物状况。小明联系了一家云供应商并获得了一个 IaaS 来开发他的系统,此时,小明可以根据他的需要在硬件和相应软件方面进行配置(通常作为独立 VM 提供)。除了系统级软件之外,云供应商还允许小明自定义硬件配置,例如 CPU 内核数量和 RAM 容量。上述的云供应商包括国外的 Amazon Web Services(AWS)、Microsoft Azure(MA)或 Google Compute Engine(GCE),国内的阿里云、华为云等。

另外,PaaS 允许云消费者开发软件并完全支持软件生命周期(通常在中间件的帮助下)用于软件管理和配置。同样以小明为例,如果小明不需要配置云的基础设施,硬件和软件的管理和配置可能会降低他的业务的生产力,而此时,小明可以将云供应商提供的 PaaS 用于他的业务。PaaS 管理底层的低级流程,并允许用户专注于管理他的物联网特定交互软件。此外,PaaS 提供商通常包含便捷管理数据库和扩展应用程序的工具。现在假设小明不想处理软件问题,他希望能够花钱购买完整的软件包,例如数据库、套接字管理等,那么这时 SaaS 则会提供上述服务。SaaS 提供了一个环境集中托管用户的应用程序,并消除用户手动安装软件的问题,用户的客户端软件可以托管在云供应商的应用平台上或网页应用托管平台上。如这些示例所示,云服务可用于满足不同用户需求。图 4.3 说明了 IaaS、PaaS 和 SaaS 与底层云基础结构之间的关系,并说明了应用程序堆栈的哪部分由云供应商管理。

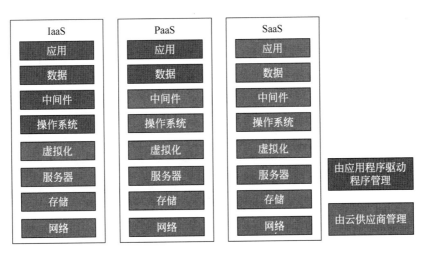

图 4.3 基于云供应商管理的云服务划分

4.2.2　云部署模型

云部署模型是指某种特定的云环境类型,具体是指在创建云部署过程中,通过综合考虑可用性、成本、安全隐私等多方面因素对业务部署的影响,所定义的数据存储位置及客户与之交互的方式。常见的云部署模型主要分为以下四类。

1. 公有云(Public Cloud)

公有云一般是指由第三方提供商为用户提供的可公共访问的云环境,其核心思想是共享资源服务,一般可通过互联网使用。云提供商负责创建和维护公有云的资源,目前市场上一些主要的厂商包括华为云、阿里云、谷歌云、微软 Azure、亚马逊 AWS 等。

2. 私有云(Private Cloud)

私有云一般是指为一个用户单独使用而构建的云环境,其核心思想是专有资源服务。服务提供商的基础设施在其边界内,仅由同一组织的成员使用而其他组织无法访问。私有云的使用改变了组织和信任边界的应用和定义,从技术上讲,一个组织既可以是云用户也可以是云提供者,在实际管理过程中,组织和边界可以由内部或外部人员来实施。私有云具有较好的数据安全性、灵活性和可靠性,可部署在数据中心的防火墙内,也可搭建在局域网上与其他相关系统相连,从而实现集成管理。

3. 社区云(Community Cloud)

社区云是指属于不同组织的一组用户,由于某种特殊目的通过访问限制实现基于公有云的特定云用户社区。社区云的构建、管理和运营可以由一个组织、一组组织、第三方云服务提供商或第三方云服务提供商的集合来共同承担,对于一个社区云,外部组织通常无法直接访问,需要经过社区云内部允许才能访问或控制云中资源。

4. 混合云(Hybrid Cloud)

混合云是上述 3 种模型(公有云、私有云或社区云)中的两种或两种以上云部署模型组成的云环境,该结构通过标准化或专有技术相互限制实现数据和应用程序的移动。由于混合云是由多种云部署模型结合构成,它允许组织同时执行核心应用程序和非核心应用程序,云用户可以选择将敏感数据部署在私有云上,而对于非敏感数据又可以使用公有云资源。相比公共云和私有云,混合云具有更高的灵活性。以上云部署模型之间优势和劣势对比如表 4.1 所示。

表 4.1 云部署模型之间优势和劣势比较

云部署模型	优 势	劣 势
公有云	• 按需资源的高可扩展性; • 通过灵活扩展消费者的基础架构,降低成本和风险	• 可靠性一般; • 安全性一般
私有云	• 高可靠性; • 可自定义于特定的组织; • 为组织提供了对基础设施和计算资源的高度控制,最大限度地利用内部可用的资源	• 开销大; • 需要 IT 专业知识
社区云	• 开销适中; • 社区内部信息资源共享为用户和供应链服务	结构复杂
混合云	• 基础架构灵活; • 开销可控; • 速度快	• 缺乏可见性; • 应用程序和数据集成中存在潜在挑战

4.3　云计算参考架构

本章介绍了一些较为通用的基础云架构模型,并探讨了这些架构所采用的相关技术。

4.3.1　负载分布架构

负载均衡作为云计算的主要问题之一,具体是指通过将工作量部署至分布式系统的各个节点,以提高资源利用率,进而获得更好的系统性能,其中负载可以是内存、CPU、网络等。负载均衡是保证工作负载在系统节点或处理器池上均匀分布的过程,从而在不干扰的情况下完成正在运行的任务。

负载分布架构是通过提供运行时逻辑的负载均衡器能够在可用 IT 资源上均匀分配工作负载,具体架构如图 4.4 所示。负载分布架构整体包括三部分:用户、负载均衡器和云服务,其中云服务在相应的虚拟服务器上均存在一个冗余副本,负载均衡器收到云服务请求并将其定位至相应的虚拟服务器上,以保证均匀的负载分布。该架构在一定程度上依靠复杂的负载均衡算法和运行逻辑,从而减少 IT 资源的利用率低和过度使用等情况。负载分布架构的优势包括提高性能、保持系统稳定性、构建容错系统和适应未来的修改。

4.3.2　资源池架构

云计算下的资源池架构是指资源以共享资源池的方式统一管理。利用虚拟化

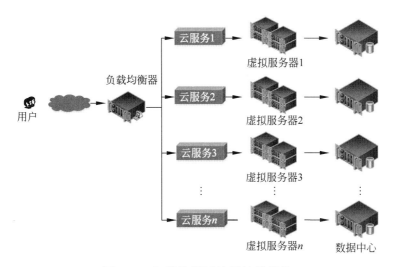

图 4.4 负载均衡下的云计算架构

技术,将资源分享给不同用户,资源的放置、管理与分配策略对用户透明。云提供了将某些部分虚拟化为单个广域资源池的能力。这种虚拟化涵盖了软件资源(例如应用程序)和硬件资源,这是该概念上云计算与相关技术(例如网格计算)的主要区别。常见的资源池包括以下几种。

物理资源池:主要由联网的一组或多组服务器构成,这些服务器均已安装操作系统和其他必要的应用和程序,并且可以投入使用。

虚拟资源池:将虚拟服务器按需求设置为可用组合,用户在请求服务的过程中通过选取相应组合来满足应用需求。

存储资源池:基于存储块或文件的存储结构,包含空的或满的云存储设备。

网络资源池:由不同配置的网络互联网设备组成。

CPU 资源池:预备分配给虚拟服务器的计算核资源,可分解为单个内核。

内存池:物理随机存储器(Random Access Memory,RAM)池,可以用于物理服务器的垂直扩展或全新供给。

4.3.3 动态可扩展架构

动态可扩展架构是指为满足不断变化的需求,根据需要增加或减少 IT 资源,其核心是在无须人工干预的基础上,实现云计算下资源的动态回收与分配。在动态可扩展架构下,数据存储容量、处理能力和网络连接都可以按照使用需求的变化而进行调整,能够有效应对需求激增情况下应用服务的资源需求。

动态水平扩展:按需求增加或减少 IT 资源实例,以应对工作负载变化,水平可扩展性是云通过负载平衡和应用程序交付解决方案提供的。分布式哈希表(Distributed Hash Table,DHT)、列方向和水平分区是动态水平扩展的示例。

动态垂直扩展:对于某个 IT 资源处理能力或容量的增加或减少,例如动态增加处理核数或内存容量。动态垂直扩展与使用的资源有关,由于随着需求的增加对计算资源的额外需求,无法垂直扩展的应用程序最终可能会在云部署过程中成本越来越高。

4.3.4 弹性资源架构

云计算作为一种即用即付模式下提供的按需服务,用户对云资源的需求是不固定的,并且可以随时间而改变。弹性架构作为一种"动态"添加和删除资源的按需服务模型,能够有效处理负载变化。弹性通常与可扩展性相关,但两者之间存在一些差异。可扩展性被定义为系统添加更多资源以满足更大工作负载需求的能力,而弹性更多的是考虑根据工作负载增加和减少资源。此外,可扩展性是一个与时间无关的概念,它不包含系统达到所需性能水平所需的时间;而对于弹性而言,时间是一个核心因素,它取决于对某个变化的工作负载的响应速度。

弹性资源架构可以是集中式的,也可以是分散式的。集中式架构只有一个弹性控制器,即通过自动扩展系统实现资源部署和取消资源部署,如图 4.5 所示。

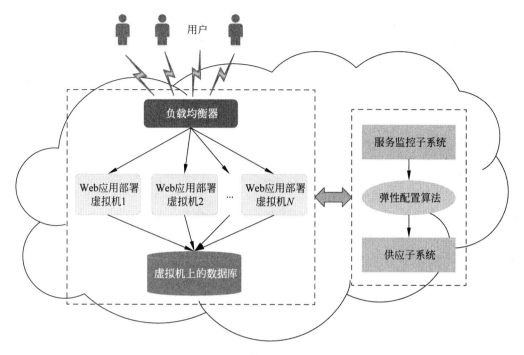

图 4.5　云计算下的集中式架构

目前所提出的大多数解决方案是集中式架构,但也有少部分采用分布式解决方案,如图 4.6 所示,自主服务部署在一个虚拟机上,其中每台虚拟机代表云提供商提供的资源单元。

4.3.5　云爆发架构

云爆发架构是弹性扩展架构的一种,通过建立一种动态扩展的形式,只要达到预先设定的阈值容量,就从企业内部的 IT 资源扩展到云中。相较而言,基于云的 IT 资源是冗余性预分配的,即这些资源会保持非活跃状态,直到发生云爆发。云爆发架构向云用户提供了一个使用基于云的 IT 资源选项,这种架构的核心是自动扩展监听和资源复制机制。以图 4.7 为例,其中自动扩展监听器监控服务 A 的使

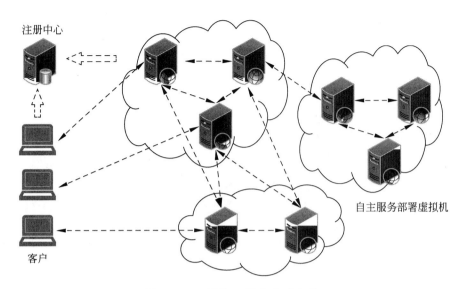

图 4.6　云计算下的分布式架构

用情况,然而当服务 A 的资源使用情况突破阈值时,将服务 C 的请求重定向到服务 A 在云中的冗余实现。

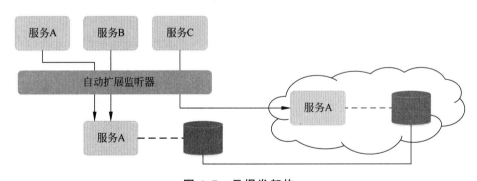

图 4.7　云爆发架构

4.3.6　冗余存储架构

冗余存储架构是指当云存储设备遇到一些破坏或故障时,如硬件故障、网络连接或安全漏洞等问题,引入复制的辅助云存储设备作为故障系统的一部分,通过与主存储设备之间的同步实现故障下的服务保障。冗余存储架构最为常见的是容错管理架构,如图 4.8 所示。

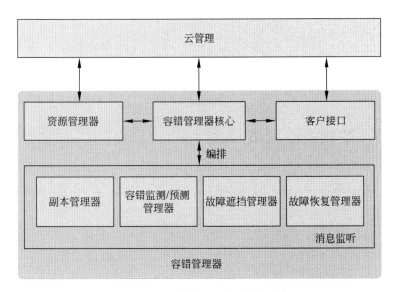

图 4.8　容错管理冗余存储架构

在上述架构下,为了提高云存储架构的可靠性,引入了 Magi-Cube 架构,如图 4.9 所示。在此架构中,Hadoop 分布式文件系统结构中仅使用了一个副本版

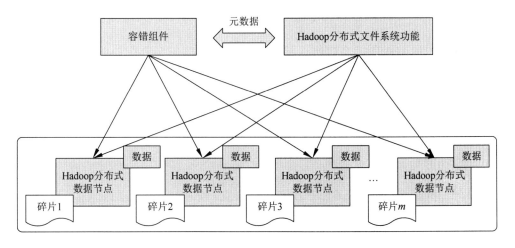

图 4.9　Magi-Cube 冗余存储架构

本,并通过算法设计来创建容错,在云存储系统中,相互冲突的三个重要因素包括高可靠性、高性能和低成本。

4.4 云使能技术

▶ 12min

4.4.1 数据中心网络

数据中心作为云计算中的重要基础架构,已成为不可替代的基础设施。数据中心位于云计算架构中的硬件层,为不断增长的互联网服务和应用提供动力。数据中心由一整套复杂的设施构成,包括计算机系统和其他与之配套的设备(例如通信设备和存储系统)。此外,还包含冗余的数据通信连接、环境控制设备、监控设备及各种安全装置。传统的数据中心架构建立在树状层次结构上,具有高密度、高成本的硬件,拓扑结构如图 4.10 所示。树状数据中心网络结构中包含三个层次:边缘层、聚合层和核心层。其中边缘层每个机架式顶部交换机连接若干台服务器,并且链路带宽为 1Gb/s。每个服务器机架通常托管 20~40 台服务器,连接到带有 1Gb/s 链路的机架式顶部交换机。机架式顶部交换机与聚合交换机相连接以实现冗余。同理,聚合交换机连接到管理数据中心流入和流出的核心交换机。数据中心网络拓扑的分层配置意味着发往不同机架中服务器的流量必须通过网络的聚合交换机或核心交换机,因此,传统数据中心中聚合交换机通常具有更大的缓冲区及更高的吞吐量和端口密度。

另外一种较为常用的数据中心结构为胖树(Fat-tree),其拓扑结构如图 4.11 所示。该拓扑结构的构建使用标准商用以太网交换机,同样采用三层结构(边缘层、聚合层和核心层)。在边缘层,每个 n 端口的交换机连接 $\frac{n}{2}$ 台服务器,剩余 $\frac{n}{2}$ 个

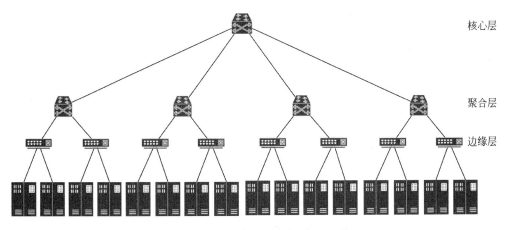

图 4.10 传统树状数据中心网络

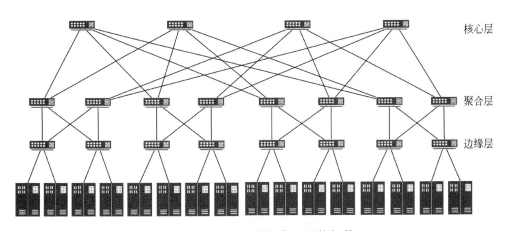

图 4.11 Fat-tree 数据中心网络拓扑

端口与聚合层交换机相连接。在聚合层和边缘层,每 $\frac{n}{2}$ 台聚合交换机与 $\frac{n}{2}$ 台边缘层交换机交叉连接构成了 Fat-tree 数据中心结构中的基本单元,称为 pod。Fat-tree 数据中心的核心层由 $\frac{n^2}{4}$ 个 n 端口的交换机组成,每个核心交换机与 n 个 pod 相连。与基本的树状数据中心拓扑结构不同,所有三个层次都使用相同类型的交换机,聚合层和核心层级别不需要高性能交换机。Fat-tree 数据中心中最大服务器数为

$\dfrac{n^3}{4}$。本书主要研究树状数据中心网络及 Fat-tree 数据中心网络下的弹性资源调度问题。

与传统数据中心相比,云数据中心具有以下新的特性。

(1)以服务为基准的模块化基础设施。根据云应用程序对网络性能等方面的需求,为保障数据中心具有更高的适应性与扩展性,云数据中心对服务器、存储设备、网络设备等进行模块化的配置设计。

(2)共享资源池:云数据中心通过虚拟化技术将物理资源整合成为共享资源池,在提高数据中心资源利用率的同时降低其成本开销。

(3)高可靠的自动化管理:为了确保稳定、安全、持续的系统连接,云数据中心需要建立高度可信赖的计算平台、网络安全威胁防范、建设数据复制与备份、容灾中心等,实现设备到应用端到端的统一管理。

(4)高弹性资源调度:为了满足数据规模的不断扩展及用户需求的不断变化,数据中心根据应用具有动态向上或向下高弹性资源调度能力,实现根据用户需求来动态配置及供应虚拟资源。

(5)高效节能:为解决传统数据中心中过量制冷和空间不足的问题,云数据中心采用大量的节能型服务器、网络及存储设备,通过先进的供电系统和散热技术,实现供电、散热和计算资源的无缝集成和管理。

4.4.2 虚拟化技术

▶ 13min

虚拟化技术是将物理资源转换为虚拟资源的过程,通过软件的方法重新划分及定义资源,从而实现信息资源的动态分配、灵活调度和跨域共享。虚拟化技术包括物理平台、虚拟平台、虚拟化层(Hypervisor)三部分,其中物理平台通过虚拟化技术抽象出多台运行不同操作系统的虚拟机,虚拟化层的主要功能是通过动态分区方法,实现硬件与操作系统的解耦,使一台物理服务器上同时运行多个操作系统实例,同时这些操作系统实例可以共享物理服务器资源。在虚拟机上安装的操作系统被称为客户(Guest)操作系统,对于客户操作系统和其上运行的应用而言并不会感知虚拟化过程。运行虚拟化软件的物理服务器被称为宿主机(Host)或物理主机,其底层硬件可以被虚拟化软件访问,虚拟技术的总体架构如图 4.12 所示。

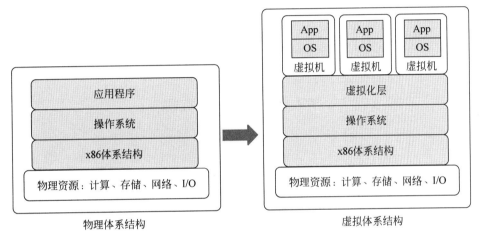

图 4.12 虚拟技术的总体架构

4.4.3 Web 技术

Web 应用通常是指基于 Web 技术的分布式应用,由于其具有较高的可访问性,因此 Web 应用均基于云环境。Web 应用的通用简化结构一般包括三层:数据层、应用层和表示层,结构如图 4.13 所示。数据层用于存储持久性数据,在其基础上的应用层用于实现应用逻辑,最上层的表示层用于表示用户界面。这里的表示层分为服务器端和客户端,当 Web 服务器接收到客户端请求后,根据应用逻辑关系,如果请求对象是静态内容,则直接访问;若是动态内容,则间接访问。

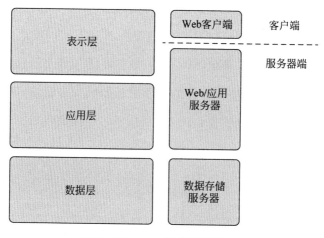

图 4.13　Web 技术简化结构

4.4.4　多租户技术

多租户技术是指每个租户对自己管理、使用和定制的应用程序都有相应的视图,对于该应用而言都是一个专有的实例,通用架构如图 4.14 所示。多租户技术的目的是通过在同一物理服务器上托管多个客户的虚拟机,实现轻松管理和更好的资源利用率。多个租户在逻辑上同时访问一个应用,同时,每个租户都意识不到还有其他租户正在访问该应用。多租户具有以下几个特点。

(1)硬件资源共享:在传统的单租户软件架构中,租户拥有自己的虚拟机,他们可以根据自己的需求进行定制,但是由于对每个虚拟机的需求不断增加,可以在物理服务器上托管的租户数量是有限的。通过多租户技术,多个租户可以共享同一个软件实例,从而间接提高资源利用率,最终转化为降低应用程序的总体成本。

(2)高度可配置性:在单租户环境下,每个租户都有自己定制的应用实例,而在多租户设置中,所有租户共享同一个应用程序实例,在租户看来,这些应用程序实例是一个单独的专用实例,因此,多租户应用程序的一个关键要求就是可以配置

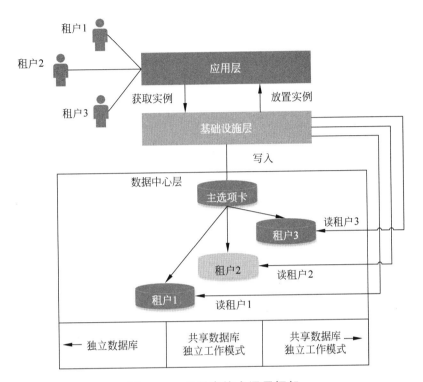

图 4.14 多租户技术通用框架

和自定义应用程序以满足广泛不同的租户需求。在多租户中,配置选项必须集成到产品设计中。鉴于多租户软件系统的高度可配置性,可能需要虚拟机运行多个版本应用程序。

(3)共享应用程序和数据库实例:单个租户应用程序由于定制原因,许多正在运行的实例可能彼此都不相同,而在多租户中,差异不再存在,因为应用程序是运行时可配置的,这意味着在多租户中,实例的总数通常会少得多,但出于可扩展性目的,可以复制应用程序,因此,部署更容易且成本更低,特别是在部署更新方面,受部署操作影响的实例数量要少得多。在多租户设置中,由于所有租户数据都在同一个位置,打开了新的数据聚合机会,因此,可以轻松收集用户行为轨迹,有助于改善用户体验。从上述特点来看,多租户可以提高硬件资源的利用率。它使应用程序维护变得更容易和更便宜。实现以更低的成本提供服务,并为新的数据聚合提供机会。

4.4.5　服务组合技术

　　服务技术作为云交付模型的基础,云计算所提供的即用即付服务模型意味着客户端无须人工干预可以根据请求立即访问资源,通用架构如图 4.15 所示。尽管计算资源由许多不同的客户端(例如多租户)共享和汇集,但云的基础设施很难衡量每个单独的客户端使用了哪些资源,多用户场景下的复杂多样服务,导致单个简单的服务无法满足许多现实世界案例的现有功能需求,云租用率因提供商不同而存在差异。要完成一项复杂的服务,必须有一批相互配合的简单服务来支持,因此,非常需要在云计算中嵌入服务组合(Service Composition,SC)技术。

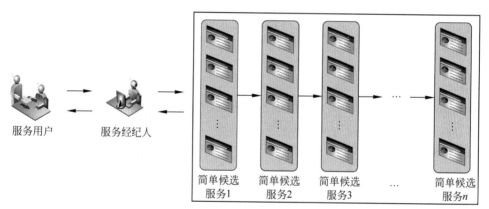

图 4.15　服务组合技术通用框架

4.5　边缘计算与云计算的差异

4.5.1　多维度差异比较

　　边缘计算和云计算技术在存储和处理数据的方法上相似,然而,两者之间在存储和处理的物理位置、分析数据量、处理速度等方面存在较大差异。基于数据存储和处理的几个重要维度,本节从数据存储、处理和响应时间、网络和数据安全三方面对两者的异同进行分析比较。

1．数据存储

在工业 4.0 环境背景下,数据量不断增长,边缘计算技术必须支持多种类型的存储,其中包括从最低级别的短暂存储到最高级别的半永久存储及在更长的时间内覆盖更广泛的本地地理区域存储,然而,考虑到边缘计算技术在内存方面的局限性,存储大量数据的能力也受到限制,因此,目前边缘计算多用于微数据存储。相较而言,云计算技术提供了用于每月和每年数据存储的全球覆盖范围,因此,云计算解决方案是为大数据存储建模的,其中数据存储在逻辑池中,允许用户灵活地远程访问这些数据。

2．处理和响应时间

在数据处理和计算时间方面,由于云计算中数据处理和计算远离数据源,因此无法实现实时分析。与云计算相反,边缘计算支持在生成数据的网络边缘执行处理和计算任务,减少了数据必须在网络上传输的距离,并且时延最小。在云上使用边缘计算的结果体现在计算和路由负担上,这些负担随着效率的提高和网络使用率的降低而显著降低。在处理能力方面,由于存储和数据处理是在同一个地方进行的,因此边缘计算能力的性能受限于处理有限的数据量。由于这一事实,边缘计算设备的制造是为了在小数据集上进行数据分析。然而,在工业 4.0 环境中,每天都会产生大量数据,数据分析需要云计算技术提供更高的计算能力。数据处理量与计算能力直接相关,而边缘计算技术由于其硬件限制,没有足够的数据计算能力。值得注意的是,云计算具有更强的计算能力,因此云计算成为处理大规模任务时更高效的计算方式。

3. 网络和数据安全

说到云计算的挑战,最大的问题是数据的安全性,因为数据存储在云中且属于不同的提供商。由于服务提供商通常无法访问数据中心的物理数据保护系统,因此他们需要依靠基础设施提供商实现完整的数据安全。即使对于虚拟私有云,服务提供商也只能远程确定安全设置,而不知道是否已完全实现,因此,未经授权的用户可以获取数据或信息并加以滥用。在云计算环境中,原始数据必须保存在受密码保护的数据管理系统中,特别是涉及敏感和机密数据时,必须提供安全防护服务,然而,边缘计算技术为敏感和机密数据提供了更高的安全性,因为这些解决方案放置在工业环境中,并且数据不是通过互联网络传输的,而是通过以太网传输的。

边缘计算作为云计算的边缘侧版本,通过将服务靠近最终用户来减少延迟,并且通过在边缘网络中提供资源和服务来最小化云的负载。与云类似,边缘服务提供商向最终用户提供应用程序、数据计算和存储服务。尽管服务有这些相似之处,但这两种新兴计算方式之间仍存在一些相当大的差异。边缘计算和云计算的主要区别在于服务器的位置。边缘计算中的服务位于边缘网络中,而云计算中的服务位于互联网中。互联网上云服务的可用性取决于最终用户与云服务器之间的距离。与边缘计算中的低延迟相比,移动设备和云服务器之间的显著距离导致了云计算中的高延迟。类似地,云计算具有高抖动,而边缘计算具有非常低的抖动。与云计算不同,边缘计算具有位置感知和高支持移动性。与使用集中式模型的云计算相比,边缘计算使用分布式模型进行服务器分发。在云计算中,由于到服务器的路径较长,数据在路由中受到攻击的概率高于边缘计算。云计算的目标用户是一般互联网用户,而边缘计算的目标用户是边缘用户。与云计算的全球范围不同,边缘计算的范围是有限的。最后,边缘硬件拥有有限的功能,这使它的可扩展性不如云。

4.5.2　边云协同

以云计算、边缘计算、5G 通信为基础,结合丰富的人工智能、物联网及数据分析等方式实现从云端到边缘端的智能化发展,实现云边缘端对视频智能分析、文字识别、图像识别、大数据流处理等能力的提升,从而满足用户对智能应用边云协同的业务诉求。在边缘侧数据量产生量级急剧增长的背景下,传统的云计算具有强大的资源服务能力的优点和远距离传输的缺点,而新兴的边缘计算具有低传输时延的优点和资源受限的缺点,因此,结合了云计算与边缘计算优点的边云协同技术应运而生,边云协同服务架构如图 4.16 所示。边云协同技术受分布式计算思想启发,将云计算能力扩展到边缘设备,聚合云计算与边缘计算各自的优势,进行网络高速传输、资源高效分发、任务快速卸载,强化云、边数据协同处理,可以提高系统可扩展性,有效减小数据处理延迟,进而提升系统服务效应。

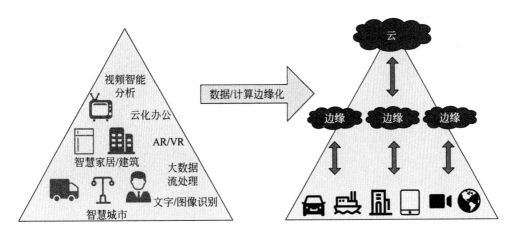

图 4.16　边云协同服务框架

4.6　本章小结

边缘计算和云计算技术在存储和处理数据的方法上相似,然而,两者之间在存储和数据处理方面存在较大差异。本章从云计算基本概念出发,介绍了包括云计算基础模型、参考架构、使能技术等概念,并在此基础上从多维度差异角度对边缘计算与云计算进行了比较,并对主流的边云协同服务框架做了概要介绍。

第 5 章

边缘计算与雾计算

5.1 雾计算基本概念

雾计算最早由思科公司提出,也可称为薄雾计算、雾化或微云。尽管这些不同术语之间存在一些细微的差异,但在更高的层次上,这些术语可以视为同义词。雾计算是一种分布式计算环境,它扩展了云计算范例,旨在将数据的智能、处理和存储推向更靠近网络边缘的位置,从而更迅速地提供与计算机相关的服务,并更靠近构成物联网部分的互连智能事物。因此,雾计算可定义为一种水平的系统级体系结构,将计算、存储、控制和网络功能分布在整个"云到事物"连续体上,使其更靠近用户。雾计算的产生打破了传统云计算的许多局限性,通过减小网络服务延迟,增加上下文感知,从而节省网络带宽,增强操作的效率,在提高服务质量的同时改善用户体验并加快实时处理及在数据生成位置附近存储敏感数据的速度。雾计算还为移动性和移动通信的使用提供了更好的支持。以响应时间为例,在云计算中,响应时间以分钟为单位,通常为数天,而数据存储时间更长,通常是永久性的,并且位置覆盖范围广且通常是全球范围;在雾计算中,响应时间通常以毫秒为单位,数据存储时间段是瞬态的,位置覆盖范围是本地,并且具有更高的访问频率。目前,雾计算已成功部署在许多需要雾本地化和云全球化的商业和工业应用场景中,包括智能电网、智能家居和城市、联网汽车、自动驾驶汽车和火车、交通信号灯系统、医疗保健管理和许多其他的网络物理系统。

如图 5.1 所示,雾计算的特点如下。

(1) 低延迟:由于雾节点与本地终端设备距离较近,因此可以在更快的时间内进行响应和分析。

(2) 多租户:受控环境中的多租户(由于高度虚拟化的分布式平台)。

(3) 异构终用户端支持:丰富多样的最终用户支持(由于边缘设备靠近计算节点)。

(4) 支持移动性:因为雾计算应用程序与移动设备之间的通信更加直接。

(5) 实时交互:与批处理相反,例如在基于云的应用程序中。

(6) 情境感知:环境中的设备和节点对环境有相关认知和了解。

(7) 地理广泛分布:由于雾环境在地理上分布,因此它在交付高质量流服务中起着积极的作用。

(8) 无线访问网络:更适合需要时间分布分析和通信的无线传感设备。

(9) 支持雾节点异构性:雾节点采用不同的外形尺寸,并部署在各种分布式环境中。

(10) 无缝互操作性和联盟性:可以使来自不同供应商的设备和跨不同域的设备之间的通信更好。

(11) 实时分析:由于源附近数据的摄取和处理很容易实现。

(12) 支持工业应用:通过实时处理和分析,支持各种工业应用。

雾计算架构的核心特征是,它可以更迅速地提供计算和数据分析服务,并且更靠近生成此类数据的物理设备,即在网络边缘,从而绕开了更广阔的互联网。目前物联网技术的飞速发展,使人工智能、虚拟现实、触觉互联网和5G应用的数字创新正在改变我们的工作、通勤、购物和娱乐方式。这些新兴的移动终端及应用数据预

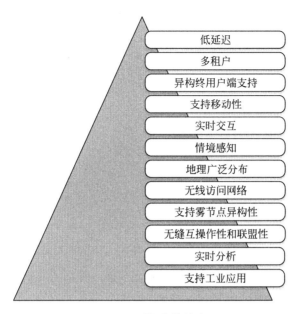

图 5.1 雾计算特点

计将从 2016 年的每年 89 艾字节增长到 2025 年的每年 175 泽字节。当前的"仅云"体系结构无法跟上整个网络中数据的数量和速度，从而降低了可以从这些投资中创造和获取的价值。雾计算提供了云到事物连续体中缺少的链接。雾架构选择性地将计算、存储、通信、控制和决策移至生成数据的网络边缘，以解决当前基础架构的局限性，以实现关键任务，以及数据密集型用例。雾计算是对传统的基于云的计算模型的扩展，该架构的实现可以驻留在网络拓扑的多个层中，但是，应通过雾的这些扩展来保留云的所有好处，包括容器化、虚拟化、编排、可管理性和效率。在很多情况下，雾计算可与云一起使用。

5.2 雾计算参考架构

本节将讨论雾计算范式的概念、原理及相关的范式和技术，介绍云和雾架构之间的区别,并简要讨论 OpenFog 参考架构。希望本节为本书其余部分介绍的各种与雾有关的主题奠定一个基础。

5.2.1　OpenFog 架构

OpenFog 联盟由 ARM、思科、戴尔、英特尔、微软公司和普林斯顿大学于 2015年 11 月成立。该联盟通过吸纳雾计算领域领先的技术参与者,试图定义一个开放、可互操作的雾计算架构,其工作重点是为高效、可靠的网络和智能终端创建框架,并结合基于开放标准技术的云、端点和服务之间的可识别、安全和隐私建立友好的信息流。根据 OpenFog 联盟的定义,雾计算是一种水平的系统级体系结构,可将计算、存储、控制和网络功能分布在整个"云到事物"连续体上,使其更靠近用户。雾节点是雾体系结构的基本元素,它可以是任何提供雾架构的计算、网络、存储和加速元素的设备,例如交换机、路由器、工业控制器及智能物联网节点等。因此,OpenFog 架构下的雾计算被认为是一个可在终端设备和传统的云计算数据中心之间提供计算、存储和网络服务的高度虚拟化的平台。

2017 年 2 月,OpenFog 联盟发布了 OpenFog 参考架构(Reference Architecture,RA),旨在支持物联网、5G、人工智能等数据密集型需求而形成的通用技术框架。OpenFog 参考架构的关键是该架构所基于的 8 个核心技术原则,也称为 8 个支柱,分别是安全性、可扩展性、开放性、自主性、RAS、敏捷性、层次性架构和可编程性,其中 RAS 是指可靠性(Reliability)、可用性(Availability)、可维护性(Serviceability),如图 5.2 所示。

OpenFog 参考架构包括多个水平层次、透视面和垂直视角。水平层次包括硬件平台基础设施层、协议抽象层、传感器 & 执行器 & 控制器、节点管理与软件背板层、应用支持层、应用服务层等。垂直视角包括性能、安全、管理、数据分析与控制、IT 业务与跨雾应用,如图 5.3 所示。

安全性	可扩展性	开放性	自主性	RAS	敏捷性	层次性架构	可编程性
• 可信 • 证书 • 隐私	• 性能 • 容量 • 可靠性 • 安全 • 硬件 • 软件	• 可组合 • 互操作 • 通信 • 位置透明	• 探索 • 编排 • 管理 • 操作 • 节约成本	• 可靠性 • 可用性 • 可维护性	• 决策制定 • 数据分析 • 数据管理	• 向上支持 • 各层自治	• 硬件可编程 • 虚拟化 • 多用户 • 应用流动性

图 5.2　OpenFog 参考架构的八大支柱

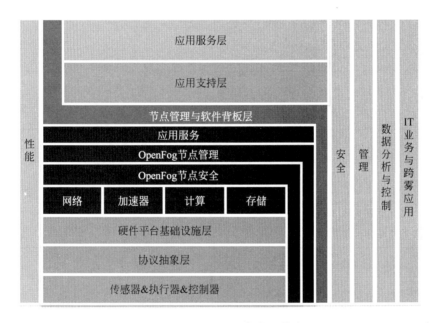

图 5.3　OpenFog 参考架构

OpenFog 架构下的雾计算模型分为 5 个层次,从下到上依次是端点层、网关层、访问层、核心网络层、互联网层/云服务资源层,具体架构如图 5.4 所示。在 OpenFog 架构下的雾计算模型雾节点可以链接形成网格,将资源和数据源与驻留在南北边缘设备(云到传感器)、东西边缘设备(功能到功能或点对点)的层次结构结合在一起,以提供负载平衡、弹性、容错、数据共享和最小化云通信,从而获得最大效率。

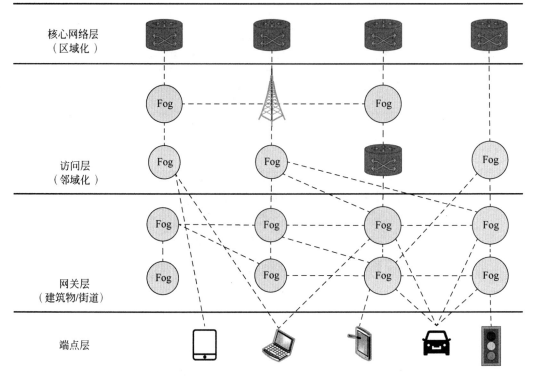

图 5.4 OpenFog 雾计算模型

OpenFog 架构定义了雾和云之间的接口,以及雾和雾之间的接口,优点如下。

(1)认知:以客户端为中心目标,具有自主性。

(2)效率:在最终用户设备上,动态合并本地资源。

(3)敏捷:快速创新和基于通用构架快速拓展。

(4)延时:实时处理和物理信息系统控制。

5.2.2 OpenFog 架构实例

OpenFog 描述了一种通用雾平台,该平台旨在适用于任何垂直市场或应用程序。此架构可应用于许多不同的市场,包括但不限于交通、农业、智能城市、智能建筑、医疗保健、酒店、金融服务等,为需要实时决策、低延迟、增强的安全性且受网络限制的物联网应用创造业务价值。本节将重点介绍用于智能汽车和交通控制的雾计算,并说明 OpenFog RA 如何满足要求。图 5.5 概述了 OpenFog RA 的智能高速公路应用。

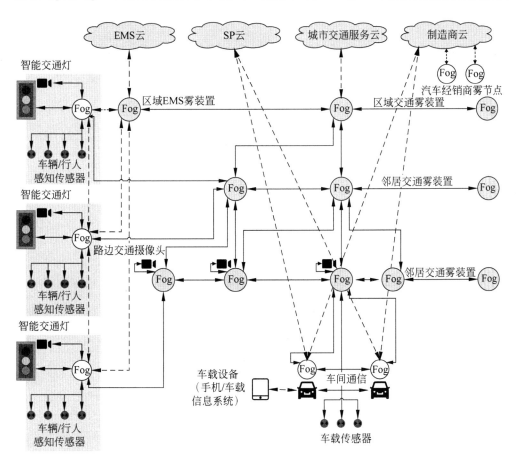

图 5.5 OpenFog 交通:智能汽车和交通控制系统

5.3　边缘计算与雾计算的差异

雾计算旨在将数据的智能、处理和存储推向更靠近网络边缘的位置,从而更迅速地提供与计算机相关的服务,并更靠近构成物联网部分的互连智能事物。雾计算与边缘计算从概念上很相似,因此,有时也会被称为边缘计算,这两个术语经常互换使用。虽然边缘计算与雾计算在数据处理方面都将其转移到了产生数据的源头,通过任务的下沉减少云端的压力,从而降低延迟,但两者在结构、数据处理、数据通信等方面仍存在差异。从时间角度,边缘计算概念在出现时间上早于雾计算,指代云和设备的边界雾计算,因为和云相比位置上更接近设备,所以表示为雾;从体系结构角度,雾可以与云一起使用,而边缘则是通过排除云来定义的。雾是分层的,边缘倾向于限制为少量的层。除计算外,雾还解决网络、存储、控制和加速问题。

1. 体系结构方面的差异

尽管雾计算和边缘计算都指在网络边缘,即更靠近数据源的位置提供智能处理及存储功能,但两者在网络架构中的位置存在差异。雾计算处于网络架构的局域网级别,因此,处理数据通过雾节点或 IoT 网关;而边缘计算是将智能处理和存储能力直接置于智能设备中,例如可编程自动化控制器(Programmable Automation Controllers,PAC)。

边缘计算通常是指服务实例化的位置,而雾计算则表示在终用户端控制下靠近设备和系统上的通信、计算、存储资源和服务等的分布。

2. 数据处理方面的差异

在雾计算中,只有一个集中式设备,负责处理来自网络中不同端点的数据;而在边缘计算架构中,物联网数据由连接的设备直接收集和分析,各自设备独立地对数据的存储位置进行判断,因此每个网络节点都参与处理。

3. 数据通信方面的差异

在雾计算中,数据生成设备与云环境之间的数据通信需要许多步骤:首先将通信定向到可编程控制器的输入/输出点运行控制系统程序,以执行 PAC 自动化;然后将数据发送到协议网关,该协议网关将数据转换为易于理解的数据格式,例如 HTTP;最后将数据传输到本地网络的雾节点,该节点执行所需的分析处理工作,之后将结果组织回传到云端进行存储。

边缘计算中的通信较雾计算更为简单。数据生成设备物理连接到 PAC,以实现板载自动化及数据的并行处理和分析,因此,在边缘计算中,PAC 用于决定哪些数据存储在本地或发送到云端。这种通信方式,除了可减少故障的可能性外,还节省了时间并简化了通信,降低了体系结构的复杂性。针对目前的市场环境,服务提供商和数据处理公司更倾向于使用雾计算,而拥有骨干网和无线网络的中间件公司则更倾向于使用边缘计算架构。

边缘计算与雾计算之间的优势比较如表 5.1 所示,主要包括位置及延迟、计算能力、性能开销三方面的对比分析。

表 5.1　边缘计算与雾计算优势比较

边缘计算	雾计算
所有节点参与以降低延迟	位置感知、低延迟、QoS 保障
实时本地分析	具有一定的数据处理能力且更贴近用户
降低开销并且避免网络拥塞,提高性能	分布式数据与云服务的集成

5.4 本章小结

本章首先从基本概念出发介绍了什么是雾计算,并在此基础上介绍了典型的基础架构 OpenFog 及该架构下的应用实例,最后分别从体系结构、数据处理及数据通信三方面对边缘计算与雾计算之间存在的差异进行了分析比较。

第 6 章

移动边缘计算

6.1 移动边缘计算基本概念

移动边缘计算(MEC)概念最初于 2013 年出现。当时,IBM 与 Nokia Siemens 网络共同推出了一款计算平台,可在无线基站内部运行应用程序,向移动用户提供业务。欧洲电信标准协会(ETSI)于 2014 年成立移动边缘计算规范工作组(Mobile Edge Computing Industry Specification Group,MECISG),正式宣布推动移动边缘计算标准化。其基本思想是把云计算平台从移动核心网络内部迁移到移动接入网边缘,实现计算及存储资源的弹性利用。这一概念将传统电信蜂窝网络与互联网业务进行了深度融合,旨在减小移动业务交付的端到端时延,发掘无线网络的内在能力,从而提升用户体验,给电信运营商的运作模式带来全新变革,并建立新型的产业链及网络生态圈。2016 年,ETSI 把 MEC 的概念扩展为多接入边缘计算(Multi-Access Edge Computing,MAEC),将边缘计算从电信蜂窝网络进一步延伸至其他无线接入网络(如 WiFi)。

传统的移动网络主要分为 3 部分:无线接入网、移动核心网和服务/应用网络。它们通过统一接口相互连接。移动边缘计算的出现打破了这种架构,它将服务/应用网络与无线接入网融合在一起。移动边缘计算,顾名思义,指在接近移动用户终端的无线接入网(RAN)内提供云化的 IT 服务环境及计算能力,所谓边缘(Edge),既包括移动终端、移动通信基站及无线网络控制(Radio Network Controller,RNC),又包括无线网络内的其他特定设备(例如基站汇聚节点),如图 6.1 所示。

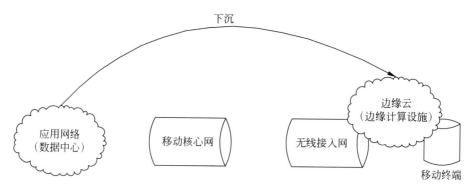

图 6.1 移动边缘计算

移动边缘计算的特征主要体现在以下几方面。

(1)预置隔离性。移动边缘计算是本地的,这意味着它可以独立于网络的其他部分隔离运行,同时可以访问本地资源。这对于机器间相互通信的场景尤为重要,如处理安全性较高的系统。

(2)邻近性。由于靠近信息源(如移动终端或传感器等),移动边缘计算特别适合用于捕获和分析大数据中的关键信息。移动边缘计算可以直接访问设备,因此容易直接衍生特定商业应用。

(3)低时延性。由于边缘服务在靠近终端设备的边缘服务器上运行,因此可以大大降低时延。这使服务响应更迅速,同时改善了用户体验,大大减少了网络其他部分的拥塞。

(4)位置感知性。当网络边缘是无线网络的一部分时,不管是 WiFi 还是蜂窝网络,本地服务都可以利用低等级的信令信息确定每个连接设备的位置,这将催生一整套业务用例,包括基于位置服务等。

（5）网络上下文感知性。应用和服务都可以使用实时网络数据（如无线网络环境、网络统计特征等）提供上下文相关的服务,区分和统计移动宽带用户使用量,计算出用户对应的消费情况,进而货币化,因此,可以基于实时网络数据开发新型应用,以将移动用户和本地兴趣热点、企业和事件等连接。

移动边缘计算将内容与计算能力下沉,它将边缘服务器部署在靠近终端的设备运行,反馈更迅速,解决了时延问题。MEC 提供智能化的流量调度,将业务本地化,内容本地缓存,让部分区域性业务不必大费周章在云端终结。在进入云端运算平台之前,可由部署在边缘的 MEC 平台先行判断该服务封包是否可由 MEC 平台提供服务,或仍需要经过后端骨干网路及电信核心网络以存取云端服务。对于视频监控、工业控制等区域性业务可以先卸载到边缘计算平台,由边缘计算平台提供实时分析,既满足低时延要求,又可以减少需要经过后端骨干网路及核心网络进行服务封包所占用的大量频宽。网络回传带宽和网络负荷的降低直接拉低了部署成本。MEC 为业务本地化和近距离部署提供了条件,业务面下沉的本地化部署利于高带宽、低时延传输实现。

此外,根据网络接入方式的不同,有不同的方法实现移动边缘计算。对于室外场景,宏小区提供商将安全计算和虚拟化能力直接嵌入无线接入网络元件。这种应用与无线设备集成允许运营商快速地提供新型网络功能,加速 OTT(Over The Top)服务,以及实现各种新型高价值服务,而这种服务通常在移动网络的关键位置执行。在室外场景下,移动边缘计算的优势具体体现在:①通过降低时延、提高服务质量和提供定制服务来提高移动用户的体验。②利用更智能和优化的网络来提高基础设施的效率。③启用垂直服务,特别是与机器到机器、大数据管理、数据分析、智慧城市等相关的垂直服务。④与无线设备紧密集成,使其易于了解流量特征和需求、处理无线网络、获取终端设备位置信息等。

对于室内场景,如 WiFi 和 4G/5G 接入点,MEC 采用强大的内部网关形式,提供专用于本地的智能服务。通过轻量级虚拟化,这些网关运行应用并安装在特定位置来提供多种服务。①机器对机器(Machine to Machine,M2M)场景:连接到多种传感器,移动边缘计算服务可以处理多种监视活动(如空调、电梯、温度、湿度、接入控制等)。②零售解决方案:具有定位和与移动设备通信的能力,可以向消费者和商场提供更有价值的信息。例如,基于位置传送相关内容,增强现实体验,改善购物体验或者处理安全的在线支付等。③体育场、机场、车站和剧院:特定服务可以用来管理人员聚集的区域,特别是处理安全、人群疏散或者向公众提供新型服务。例如,体育场可以向公众提供实况内容,机场可以利用增强现实服务引导旅客进入他们的值机口等。所有这些应用都将利用本地数据和环境去设置,以适合用户需求。④大数据分析:在网络关键点收集的信息可以作为大数据分析的一部分,以更好地为用户提供服务。

根据 Gartner 的报告,2020 年全球连接到网络的设备已达到 208 亿台,而移动边缘计算 MEC 将是物联网时代不可缺少的一个重要环节。在物联网时代,MEC 的应用可以延伸至交通系统、智能驾驶、实时触觉控制等领域,目前在部分车联网已经得到应用。移动边缘计算的接入能够大大减轻车联网系统的压力,在地图、导航等领域优势更加明显。对于移动端应用而言,迫切需要一个更有竞争力、可扩展,同时又安全和智能的接入网,移动边缘计算将会提供一个强大的平台解决未来网络的时延、拥塞和容量不足等问题。

除此之外,根据各大设备厂商、运营商近期发布的报告,5G 将会是一个集合了计算和通信技术的平台,而移动边缘计算将有望创造、培育出一个全新的价值链及一个充满活力的生态系统,从而为移动网络运营商、应用及内容提供商等提供新的商业机遇。基于创新的商业价值,移动边缘计算价值链将使其中各环节的从业主体更为紧密地相互协作,更深入地挖掘移动宽带的盈利潜力。在部署了移动边缘计算技术后,移动网络运营商可以向其第三方合作伙伴开放无线接入网络的边缘部分,以方便其面向普通大众用户、企业用户及各个垂直行业提供各种新型应用及业务服务,而且移动网络运营商还可采取其内置的创新式分析工具实时监测业务的使用状况及服务质量。对于应用开发者及内容提供商而言,部署了移动边缘计算技术的无线接入网络边缘为其提供了这样一种优秀的业务环境:低时延、高带宽,以及可直接接入实时无线及网络信息(便于提供情境相关服务)。

总之,移动边缘计算技术使电信运营商通过高效的网络运营及业务运营(基于网络与用户数据的实时把握),避免被互联网服务提供商管道化和边缘化。

6.2 整体系统架构及组件

6.2.1 系统整体架构

如图 6.2 所示,MEC 系统位于无线接入网及有线网络之间。在电信蜂窝网络中,MEC 系统可部署于无线接入网与移动核心网之间。MEC 服务器是整个系统的核心,基于 IT 通用硬件平台构建。MEC 系统可由一台或多台 MEC 服务器组成。MEC 系统基于无线基站内部或无线接入网边缘的云计算设施(边缘云)提供本地化的公有云服务,并能连接位于其他网络(如企业网)内部的私有云从而形成混合云。

MEC 系统基于特定的云平台(例如 OpenStack)提供虚拟化软件环境用以规划管理边缘云内的 IT 资源。第三方应用以虚拟机的形式部署于边缘云或者在私有云内独立运行。无线网络能力通过平台中间件向第三方应用开放。MEC 系统只对边缘云的 IT 基础设施进行管理,对私有云仅提供路由连接及平台中间件调用能力。

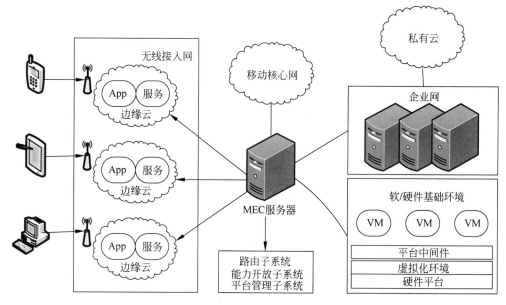

图 6.2　MEC 系统整体架构

1. 系统基本构成

　　如图 6.3 所示,MEC 系统的基本组件包括路由子系统、能力开放子系统、平台管理子系统及边缘云基础设施,这些组件以松耦合的方式构成了整个系统。其中,前三个子系统可集中部署于一台 MEC 服务器或者采用分布式方式运行在多台 MEC 服务器上,边缘云基础设施由部署在接近移动用户位置的小型或微型数据中心构成。在分布式运行环境下,路由子系统也可以基于专用网络交换设备(例如交换机)进行构建。

　　在 MEC 系统中,无线接入网与有线网络之间的数据传输必须通过路由子系统转发,其转发行为由平台管理子系统或能力开放子系统控制。在路由子系统中,终用户端的业务数据既可以被转发至边缘云基础设施实现低时延传输,也可以被转发至能力开放子系统支持特定的网络能力开放。运行在边缘云基础设施的第三方应用在收到来自终用户端的业务数据后,可通过向能力开放子系统发起能力调用

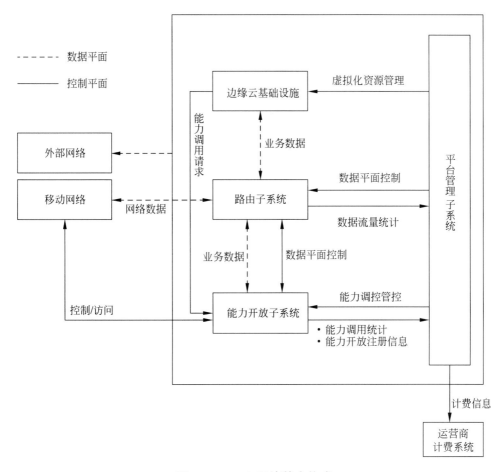

图 6.3 MEC 系统基本构成

请求，获取移动网络提供的能力。

1）边缘云基础设施

边缘云基础设施为第三方应用提供基本的软/硬件及网络资源用于本地化业务部署，在其中运行的第三方应用可向能力开放子系统发起能力调用请求。

2）路由子系统

路由子系统为 MEC 系统中的各个组件提供基本的数据转发及网络连接能力，对移动用户提供业务连续性支持，并且为边缘云内的虚拟业务主机提供网络虚拟化支持。路由子系统还可对 MEC 系统中的业务数据流量进行统计并上报至平台管理子系统用于数据流量计费。

3）能力开放子系统

能力开放子系统为平台中间件提供安装、运行及管理等基本功能，支持第三方以调用 API（应用程序接口）的形式，通过平台中间件驱动移动网络内的网元实现能力获取。能力开放子系统向平台管理子系统上报能力开放注册信息及能力调用统计信息用于能力调用方面的管控及计费。能力开放子系统可根据能力调用请求通过设置路由子系统内的转发策略对移动网络的数据平面进行控制。基于该特性，能力开放子系统可以通过路由子系统接入移动网络的数据平面，从而通过修改用户业务数据实现特定能力的开放。

4）平台管理子系统

平台管理子系统通过对路由子系统进行路由策略设置，可针对不同用户、设备或者第三方应用需求，实现对移动网络数据平面的控制。平台管理子系统对能力开放子系统中特定的能力调用请求进行管控，即确定是否可以满足某项能力调用请求。平台管理子系统以类似传统云计算平台的管理方式，按照第三方的要求，对边缘云内的 IT 基础设施进行规划编排。平台管理子系统可与运营商的计费系统对接，对数据流及能力调用方面的计费信息进行上报。

2. 系统基础环境

MEC 系统的基础环境由软件环境和硬件环境两部分构成，主要负责为 MEC 服务器及边缘云基础设施提供基本的软/硬件运行条件。

1）软件基础环境

MEC 服务器上的软件环境应提供运营商级别的可靠性支持，为路由子系统、能力开放子系统及平台管理子系统提供软件支撑。对于路由子系统，需要在时延上对数据面转发进行专门优化，并且从软件层面上防止路由功能出现单点故障，支持路由功能故障判断和自我恢复,从而保证无线接入网与移动核心网之间的互联互通。对于能力开放子系统,需要构建一个安全稳定的中间件支撑平台,保证底层网络系统及第三方应用的正常运行,并且确保相关数据的安全。对于平台管理子系统,需要支持第三方虚拟化业务环境的部署及优化,能实现虚拟机的快速定位、跟踪及迁移。

边缘云设施上的软件环境应保证第三方业务支撑上的灵活性和可扩展性,通过虚拟化技术将物理主机的 CPU、内存和存储空间整合成统一的逻辑资源池,从中创建虚拟服务器为应用提供服务,从而提高资源利用率,简化服务器管理,尽可能地提升边缘云内的应用部署、运营维护、故障恢复的效率。

2) 硬件基础环境

MEC 系统的硬件基础环境需要满足数据中心和电信设备的双重需求,提供灵活的子系统化设计及充分支持虚拟化,支持边缘云资源的按需分配及 MEC 服务器的稳定可靠运行。具体来讲,MEC 服务器需要在严苛环境下保持良好的工作状态。例如,可支持在室温环境下工作,具备防尘防水功能及耐冲击、耐震动的特点等。MEC 服务器需要支持经过优化的网络 I/O 虚拟化能力,这有助于路由子系统提高无线接入网与移动核心网之间的数据连接性能。此外,MEC 服务器必须从物理网络连接上防止无线接入网回传出现单点故障,保证其传输可靠性以达到电信级要求。

边缘云设施应具备硬件辅助虚拟化功能,包括 CPU、内存、网络 I/O 虚拟化,以简化软件的实现。尽可能以高密度服务器单元的形式将尽可能多的通用存储及处理等资源整合在一起,并搭配相应的电源、散热装置及网络端口。基于这种形式构建的服务器单元在 IT 资源密度上高于传统塔式或机架式服务器,但通过采用标准化程度较高的功能组件,可使其具备较强的平台可扩展性,从而保证在易维护性上强于刀片式服务器。因此,以高集成度的服务器单元为基础构建边缘云,可实现一体化的快速交付,有助于提高管理及维护效率。

6.2.2　系统组件详细讲解

MEC 系统的基本组件包括路由子系统、能力开放子系统、平台管理子系统及边缘云基础设施,它们是构成 MEC 系统的核心模块。

1. 路由子系统

路由子系统在 MEC 系统、无线接入网及无线核心网之间提供数据转发通路,实现数据流量的本地卸载,并为边缘云内的虚拟机提供网络虚拟化支持及提供 MEC 系统各组件之间的数据转发。路由子系统对外提供网络流量控制功能以允许对第三方应用的路由规则进行灵活配置。当第三方业务在网络边缘完成部署后,可在路由子系统内设定相应的规则,实现业务流量的本地导出。

由于 MEC 系统需要在移动终端及边缘业务主机之间实现正常和透明的业务数据传输,因此路由子系统必须具备对 GTP-U 数据流的解析处理能力。在上行方向,路由子系统应首先对来自基站的 GTP 分组进行解析,以获取其封装的用户数据的相关信息,并根据路由规则将数据转发至边缘云内的业务服务器;在下行方向,路由子系统应将来自边缘服务器的用户数据封装至正确的 GTP 隧道,以便移动终端能够通过基站进行接收。

由于无线接入网可能引入 IPSec,对回传线路上的用户数据进行加密,因此路由子系统还需要支持 IPSec 加/解密功能。在上行方向,首先对 GTP-U 数据流进行解密处理,然后进行解析操作,如解密后的 GTP-U 数据流不需要进行本地转发,则路由子系统必须重新对数据流加密,并完成向移动核心网的回传;在下行方向,路由子系统对来自边缘云服务器或私有云服务器的 IP 数据完成 GTP 封装后,需要进一步进行加密处理,并最终完成向无线接入网的数据下发。

路由子系统应具备保证业务会话连续性的能力。由于移动终端的运动可能导致其网络接入点位置的变化,从而引起业务会话中断,进而严重影响用户体验。当前 MEC 服务器的路由子系统可通过与其他 MEC 服务器的路由子系统建立数据转发隧道实现业务数据的连续传输。

路由子系统必须为工作在数据面的 GTP 隧道提供备份链路。当其内部转发功能失效时,用户数据仍可通过备份链路以传统方式传输,从而避免网络中断。

在 MEC 系统内,路由子系统需要支持下列路由功能。

1)虚拟业务主机之间

路由子系统依赖内置交换机实现业务主机之间的数据交换,例如构建基于业务链的虚拟网络环境。

2)MEC 服务器之间

路由子系统通过公网路由或者移动网络内部路由实现 MEC 服务器之间的数据交换。对于公网路由,路由子系统应向 MEC 服务器提供静态 NAT 设置,以保证传输质量;对于移动网络内部路由,无须启动 NAT 功能。

3)虚拟业务主机和 MEC 服务器之间

路由子系统依赖内置交换机实现业务主机和 MEC 服务器之间的数据交换,例如虚拟主机内运行的第三方应用调用平台中间件实现网络能力调用。

4)虚拟业务主机和互联网主机之间

路由子系统通过一个或多个公网路由完成业务主机和互联网主机之间的数据交换。鉴于公网路由数量有限,路由子系统必须具备 NAT 功能。

5)MEC 服务器和互联网主机之间

路由子系统通过一个或多个公网路由完成 MEC 服务器和互联网主机之间的数据交换。路由子系统应为 MEC 服务器提供静态 NAT 设置,以保证传输质量。

6)MEC 服务器和移动网络内部主机之间

路由子系统通过公网路由或者移动网络内部路由实现 MEC 服务器同移动网络内部主机(如运营支撑系统主机)之间的数据交换。

2. 能力开放子系统

能力开放子系统依赖平台中间件提供的 API 向第三方开放无线网络能力。不同的网络能力通过特定的平台中间件对外开放,对平台中间件 API 的调用既可来自外部的第三方应用,也可来自系统内部的其他中间件。

如图 6.4 所示,能力开放子系统主要包括平台中间件及中间件管理系统。依赖平台中间件,特定的网络能力被抽象为功能模型,为外部调用提供服务。中间件管理器负责平台中间件在能力开放子系统内的安装、注册授权、监控及调用管理,确保只有经过授权的第三方才能获得可信的能力调用服务。第三方通过北向接口发起的能力调用请求首先由中间件管理器接收,完成鉴权后再转交至相应的平台中间件完成调用处理。在调用请求转交过程中,中间件管理器不会改变北向接口的调用内容及形式规范,第三方不会感知到中间件管理器的存在。

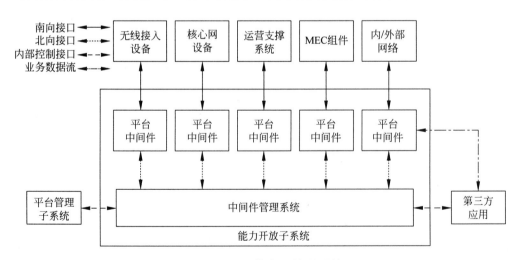

图 6.4 MEC 能力开放子系统

根据访问及控制对象,平台中间件主要分为 5 类:①面向无线接入设备(如基站)的中间件。②面向移动核心网设备(如服务网关,即 SGW)的中间件。③面向业务及运营支撑系统(如 BSS 及 OSS)的中间件。④面向 MEC 系统基本组件(如路由子系统)的中间件。⑤面向用户数据流(如 DNS 查询请求)的中间件。

第①~③类平台中间件负责向第三方提供访问控制无线网络能力,可由设备厂商针对其产品自行构建,或者按照统一标准构建。这些平台中间件必须在 MEC 系统内完成注册才可正常使用。第④类平台中间件为第三方提供访问控制 MEC 系统内部组件的能力,由 MEC 系统直接集成,无须外部提供。第⑤类平台中间件直接对来自第三方应用的数据流进行截取控制,但是不支持对无线网络及 MEC 基本组件的访问,例如为移动用户提供的 DNS 缓存服务可基于此类中间件实现。这类平台中间件也由 MEC 系统直接集成,无须外部提供。图 6.3 给出的能力开放子系统与路由子系统之间的数据通路也可基于此类平台中间件实现。

1) 平台中间件

平台中间件提供面向底层网络的南向接口及面向外部调用的北向接口以实现网络能力开放。通过南向接口,平台中间件可根据调用请求驱动相关网元完成设备操作。对于厂商针对自身设备构建的平台中间件,其南向接口的具体工作方式可由厂商自行设定。对于按照统一标准构建的平台中间件,需要定义标准的南向接口(如 OpenFlow)实现网元操作。平台中间件通过北向接口接收来自第三方的能力调用请求。北向接口必须基于通用的协议(如 RESTful)并按照统一标准实现,以方便第三方使用。不同的平台中间件之间也可通过北向接口进行相互调用。

需要指出的是,为平台中间件提供标准的南向接口可有效减少能力开放子系统中针对不同厂商设备的平台中间件的数量,进而减少能力开放子系统对整个 MEC 平台资源的消耗,但是,标准化的南向接口也会为不同厂商设备之间的互操作性带来挑战,尤其是对已经部署的现网设备,可能涉及复杂的设备升级工作,然而随着超密集组网的出现,无线网络中的基站数量将出现明显增长,统一标准化的南向接口有助于 MEC 系统应对这种情况。

2) 中间件管理器

中间件管理器通过特定的安全机制(例如签名证书),只允许可信的平台中间件被注册及部署在能力开放子系统上。在为第三方提供网络能力调用服务前,中间件管理器必须通过内部控制接口连接平台管理子系统,根据其提供的信息,对调用请求进行鉴权,只有得到授权的请求才被允许得到进一步处理。中间件管理器还需要支持中间件监控功能,对平台中间件的运行信息进行采集,并根据平台管理子系统的指示,对特定的平台中间件实施中止或者删除等操作。中间件管理器可将中间件的注册信息上报至平台管理子系统,向第三方提供服务发现功能,方便其调用。例如,第三方应用开发者可通过平台管理子系统的用户界面查找所需的平台中间件 API 并获取相应的调用方式。

中间件管理器的核心作用在于实现平台中间件的可控可管,保障用户及网络安全。不同于部署在边缘云内的普通第三方应用,平台中间件具备访问及控制底层网络的能力。为避免恶意中间件植入或者第三方恶意调用在网络及用户安全性方面带来的隐患及威胁,必须依托中间件管理器对平台中间件的安装、调试及运行进行全方位监控。

平台中间件为第三方调用网络能力及不同中间件之间的相互调用提供了基础支撑,提升了第三方应用及平台中间件的开发效率。由于平台中间件具备控制底层网络的能力,已不仅是某种具体应用,因此中间件管理器应具有以下特性。

(1)高伸缩性。中间件管理应足够智能化,能够弹性处理突发的负载。

(2)操作便捷。中间件管理应提供便于使用的工具,支持对中间件的高效管理。

(3)高包容性。中间件管理应方便中间件的部署,通过定义标准的接口及流程,允许来自不同厂商的中间件在系统内进行注册并对其进行管理。

(4)高可用性。确保得到授权的第三方(包括第三方应用及其他中间件)能够对合法的平台中间件进行正常调用,支持包括订阅/发布及主动访问在内的不同调用方式。

(5)高安全性。对安全威胁实现有效防御,保证移动网络不会因恶意中间件调用出现严重故障。

3）能力开放类型及内容

MEC能力开放应综合考虑第三方应用平台在系统架构及业务逻辑方面的差异性，实现网络能力的简单友好开放。MEC平台应保证网络能力的开放具有足够的灵活性。随着网络功能的进一步丰富，可向第三方应用来实现持续开放，而不必对第三方平台及无线网络系统进行复杂的改动。

网络能力开放类型主要分为网络及用户信息开放、业务及资源控制功能开放和网络业务处理能力开放。表6.1针对上述开放类型的具体内容进行了总结，其中能力开放内容仅给出部分实例，随着网络功能的完善，可能进一步丰富而不仅限于表中内容。

表 6.1 网络能力开放类型及内容

能力开放类型	能力开放内容
网络及用户信息开放	• 蜂窝负载信息 • 链路质量 • 网络吞吐量 • 移动用户的定位信息 • 终端能力 • 终端数据连接类型 • 移动用户签约信息 • 基于网络及用户信息的大数据分析 ……
业务及资源控制功能开放	• 业务质量调整（QCI） • 网络资源分配 • 路由策略控制 • 域名解析服务（DNS） • 安全策略控制和监控 ……

续表

能力开放类型	能力开放内容
网络业务处理能力开放	• 语音 • 短消息 • 多媒体消息服务 ……

3. 平台管理子系统

平台管理主要包括 IT 基础资源管理、能力开放控制、路由策略控制及支持计费功能。其中,IT 基础资源管理指为第三方应用在边缘云内提供虚拟化资源规划。能力开放控制包括平台中间件的创建、销毁及第三方调用授权。路由策略控制指通过设定路由子系统内的路由规则,对 MEC 系统的数据转发路径进行控制,并支持边缘云内的业务编排。计费功能主要涉及 IT 资源使用计费、网络能力调用计费及数据流量计费。

1) IT 基础资源管理

IT 基础资源管理通过虚拟机监控器对系统内的物理和虚拟 IT 基础结构进行集中管理,实现资源规划部署、动态优化及业务编排,其主要功能包括:①对边缘云的 IT 资源池(如计算能力、存储及网络等)进行管理。②对虚拟化技术提供支持。

IT 基础资源管理采用子系统化设计,支持管理员及第三方租户通过基于 Web 的控制面板手动选择和配置资源,或者提供 API 支持基于编程方式的选择和配置服务。

IT 基础资源管理包括下列组件。

(1) 控制器组件:为单个用户或使用群组启动虚拟机实例,并为包含着多个实例的特定项目设置网络,也提供预制的镜像或为用户创建的镜像提供存储机制,使用户能够以镜像加载的形式启动虚拟机。

(2) 对象存储系统组件:基于大规模可扩展系统,通过内置冗余及容错机制实现对象存储并为虚拟机提供数据存储服务。

（3）虚拟机镜像服务组件：提供虚拟机镜像检索服务，支持多种虚拟机镜像格式。

2）能力开放控制

能力开放子系统的运行受到平台管理子系统的控制。对平台中间件的调用必须经过平台管理子系统授权才可进行。第三方应用在通过能力开放子系统获取网络能力之前，必须向平台管理子系统进行相关的 API 使能注册，即第三方必须向平台管理子系统说明需要调用哪种 API。

如图 6.5 所示，平台管理子系统通过业务数据库对能力开放调用请求进行使能控制。第三方应用必须事先在业务数据库中创建相关的数据记录完成 API 使能注册。平台管理子系统根据业务数据库的记录将授权及控制信息传递给能力开放子系统，以便其对第三方 API 调用请求进行鉴权及访问控制。

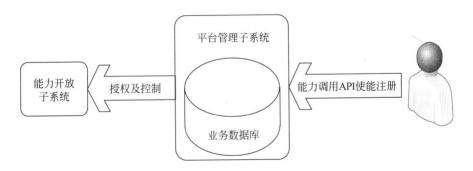

图 6.5　能力开放控制框架

业务数据库的数据记录定义如表 6.2 所示。数据记录的索引为第三方应用的注册账号，可有多种表现形式，例如域名或特定数字序列等。数据记录的内容为第三方应用注册的 API 调用列表，由一系列二元组（action，lifetime）组成。每个二元组对应一项能力调用请求，其中 action 指具体的网络能力调用信息，即特定的 API 标识（例如 API 名称），lifetime 指定了该二元组的生存时间，即某项网络能力面向特定第三方开放的有效期。

表 6.2 业务数据库记录定义

索 引	行为规则
注册 ID	(action, lifetime) (action, lifetime) ...

图 6.6 给出了平台管理子系统进行能力开放控制的过程。第三方应用发起的能力调用请求首先由能力开放子系统内的中间件管理器获取，然后中间件管理器向平台管理子系统内的业务数据库发起能力调用授权请求，该请求包含第三方应用的注册账号及请求的能力调用 API 标识。随后业务数据库将相应的数据记录返回至中间件管理器。最后，中间件管理器根据返回的记录决定是否将能力调用请求进一步转发至相应的平台中间件完成能力调用。中间件管理器可在本地缓存数据记录，用于以后的调用请求控制，以减少业务数据库的查询压力。

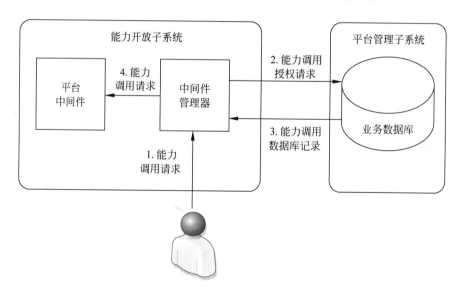

图 6.6 能力开放控制过程

3）路由策略控制

平台管理子系统同路由子系统之间需要建立控制接口，用以在路由子系统内设定路由转发规则。路由策略控制允许第三方应用根据业务部署需要,设定路由规则。具体来讲,向第三方提供的路由策略控制包括以下几方面。

(1) 将无线数据卸载至边缘云内。

(2) 在边缘云内创建业务链。

(3) 将无线数据卸载至外部网络。

(4) 将无线数据先卸载至边缘云内,再传回至移动核心网。

(5) 将无线数据先卸载至边缘云内,再传输至外部网络。

(6) 创建不同路由子系统间的转发通路支持业务会话连续性。

平台管理子系统也可自行在路由子系统内预先设定路由控制策略,以满足管理需要,其具体需求包括以下几方面。

(1) 数据流量计费。

(2) 合法性侦听。

(3) DNS 处理。

(4) 网络能力开放支持。

(5) 数据分析。

(6) 网络性能优化。

(7) 移动性支持。

4) 计费功能

平台管理子系统的计费功能包括三方面:IT 资源使用计费、网络能力调用计费及数据流量计费。表 6.3 对 3 种计费类型的具体内容进行了总结。

表 6.3 平台管理子系统的计费功能

计费类型	计费内容
IT 资源使用	对第三方租用的虚拟主机提供 IT 资源用量统计,根据事先定义好的计费规则对资源用量进行费用核算,并对第三方应用形成账单

续表

计费类型	计费内容
网络能力调用	对第三方调用网络能力的情况进行统计,根据 API 类型的不同及发起 API 调用的来源不同,按照不同计费规则进行费用核算,并对第三方应用形成账单
数据流量	对路由子系统在本地导出的数据流量进行统计并完成对移动用户的计费,具体形式包括离线计费、内容计费及实时计费。其中,离线计费基于用户标识生成话单并交由移动网络的计费网关处理。内容计费可对 MEC 系统内产生的数据流量进行统计,通过减免用户流量费用引导第三方在 MEC 系统内部署业务。实时计费需要和移动网络现有的计费系统实时对接,按照用户产生的数据流量进行实时扣费

4. 边缘云基础设施

边缘云基础设施提供包括计算、内存、存储及网络等资源在内的 IT 资源池。它基于小型化的硬件平台构建,以类似于 Tier-1 级数据中心的方式向租户提供 IT 能力。

边缘云的软/硬件基础环境以符合开放式标准定义的商用现成品或技术为主。边缘云的软件基础环境基于云计算平台,能够以快速、简单及可扩展的方式为第三方创建业务环境,并以虚拟化的方式支持对 IT 基础设施的管理。边缘云的硬件基础环境构建在以 x86 构架为处理核心的硬件平台上,并且通过硬件支持虚拟化技术。

边缘云基础设施可以划分为 3 种类型。

(1) 以数据存储为主的存储型平台。

(2) 以数据处理为主的计算型平台。

(3) 兼顾数据处理和数据存储的综合平台。

边缘云在构建时,可根据第三方的实际需求及 MEC 系统的能力规划,配置合适的软/硬件基础环境。

边缘云位于无线接入网边缘,通常需要和无线基站的基带处理单元一同放置,因此其硬件平台应采用节省空间的紧凑式设计,并且在保证性能的条件下,尽可能降低管理维护难度及总体拥有成本。目前的云平台设施通常部署在集中化的大中型数据中心,单个机柜的尺寸多在 40U(1U＝4.45cm)以上,而基于边缘云的数据中心因受到部署条件的限制,所能提供的机架空间往往十分局促(例如≤5U),因此边缘云在硬件方面应充分考虑小型化及高密度组件。

部署空间的限制给边缘云的构建带来两方面挑战:一方面,边缘云所能提供的 IT 能力无法完全与传统的数据中心相比;另一方面,由于设备密度成倍增加,边缘云的散热能力将受到考验。

由于边缘云的 IT 资源相对有限,因此它必须支持基于混合云方式的业务部署。随着移动互联网业务的日趋复杂,单个业务往往需要多个功能协同工作才能交付,而这些功能在实际环境中通常部署在处于不同物理位置的云平台内。考虑到边缘云有限的 IT 能力,混合云将成为 MEC 系统主要的工作方式。第三方应用可将时延或者带宽敏感的功能部署在边缘云上,而将 IT 资源消耗巨大但时延或者带宽不敏感的功能部署在移动核心网之外的集中化数据中心,这要求边缘云必须具备足够的网络连接能力,以保证其与其他云平台的协同工作。

不同于传统数据中心采用专用制冷设备进行散热的方法,边缘云通常只能依靠自身携带的散热装置排除设备运行时产生的热量。从提升散热能力的角度来讲,在设计硬件平台时,可考虑以面对面或背对背的方式对计算节点进行摆放,从而在机架内部形成冷风通道和热风通道,避免冷热风混合,导致气流短路,阻碍制冷效果。从减少发热量的角度来讲,边缘云应注重绿色节能问题,在保证 IT 处理能力的条件下,尽量采用低功耗部件,使系统整体效能比实现最大化。

据统计,在传统数据中心机房,由服务器、存储和网络通信等设备产生的功耗占总功耗的 50% 左右,其中服务功耗占比约为 40%,存储设备和网络通信设备均分 10% 的功耗,因此,服务器将是边缘云在能效设计上关注的重点。除了硬件优化,软件优化也是提高边缘云能效的主要手段。软件为边缘云实现绿色节能的最大贡献体现在软件可以改变边缘云的系统架构,减少服务器及其相关设备的数量。

6.3 5G 通信技术

为了更好地适应未来大量移动数据的爆炸式增长,并加快新服务、新应用的研发,第五代移动通信(5G)网络应运而生。5G 作为今后满足移动通信的新一代移动通信网络,已经成为国内外移动通信领域的研究热点。目前,在高速发展的移动互联网和不断增长的物联网业务需求的共同推动下,要求 5G 具备低成本、低能耗、安全可靠的特点,同时传输速率应当提升 10～100 倍,峰值传输速率达到 10Gb/s,端到端时延达到毫秒级,连接设备密度增加 10～100 倍,流量密度提升 1000 倍,频谱效率提升 5～10 倍,能够在 500km/h 的速度下保证用户体验。5G 将使信息通信突破时间与空间的限制,给用户带来更好的交互体验,大大缩短人与物之间的距离,并快速地实现人与万物的互通互联。5G 移动通信将与其他无线移动通信技术密切结合,构成无处不在的新一代移动信息网络。5G 网络在未来主要用于满足三类业务的需求。

一是面向全球大约 25 亿用户的增强移动宽带业务,届时 5G 网络需要向大规模用户提供超高清视频、远程医疗、远程办公、远程教育等更为丰富的融合通信体验。

二是实现万物互联的物联网业务,5G 网络需要提供支撑海量连接的弹性能力,用以实现包括智能家居、智能安防、智慧城市、环境监控、个人可穿戴、车联网等在内的智能连接需求。

三是满足超高可靠、超低时延的关键通信场景需求,如工业自动化、分布式控制联网及云机器人等,特别是工业 4.0 中涉及的智能工厂,将是推动 5G 技术演进的重要力量。

面对上述需求的驱动,5G网络演进将呈现以下特性。

(1)高度灵活性:系统可对带宽实施灵活管理,并对用户数据进行有效转发。

(2)高度扩展性:系统能够基于采集的数据,对自身环境进行弹性配置及灵活伸缩。

(3)多样移动性:针对不同终端及不同业务提供定制化的移动性支持,满足个性化需求。

(4)内容感知性:通过智能感知技术对内容进行高效分发。

5G网的要求将对现有的移动网络架构造成巨大冲击,下面将介绍组建5G通信网络中的关键技术。

1. 集中式-波束赋形技术

当今移动通信的频谱资源难以适应快速增长的数据流量,毫米波的使用让30GHz以上的频谱资源可以得到利用。由于毫米波在空间传播过程中会有很大的路径损耗,这就需要采用波束赋形技术来弥补这一部分损耗。

波束赋形技术是将能量集中到很小的区域,并获得较高的增益,可以解决自由空间传播损耗较大的问题。波束赋形技术是发送数据经天线(大规模MIMO)发送之前最后一个环节,发送端可以把它作为信道影响的一部分。虽然实际信道人为不可改变,但是波束赋形矩阵可以根据实际的信道状态人为地进行设计,可以通过对波束赋形加权向量的设计人为地改变等效信道矩阵,达到系统要求的性能,从而更有利于通信的实现。波束赋形将根据特定场景自适应地调整天线阵列的辐射图。

1)波束赋形技术的优势

波束赋形技术对于大规模MIMO技术至关重要,它具有以下优势:

(1)波束赋形技术是使信号传输可靠和稳定的一项关键技术。随着更多的无线应用得到开发,波束赋形技术带来的可靠性变得更为重要。

（2）波束赋形技术在扩大覆盖范围、抑制干扰等方面都具有很大的优势。波束赋形技术通过对发射信号和接收信号进行必要的处理,使信噪比显著增加,以此提升系统容量和抑制干扰。

2）波束赋形技术的挑战

波束赋形技术有效地提高了信号传输的稳定性,同时波束赋形技术也存在以下挑战:

（1）合适的波束赋形器至关重要。在数字波束赋形器中,每个天线单元都有其相应的基带端口,这样提供了最大的灵活性,但是数字模拟转换器非常耗电,而模拟波束赋形器只支持简单的波束形状,不能支持灵活的波束形状,如在发射、接收方向产生特定的零陷波,因此波束之间的干扰可能是巨大的。混合波束赋形是数字、模拟波束方案的折中,它可以降低复杂度,也有很大的灵活性,所以早期的通信系统使用模拟或混合波束赋形架构。在 5G 混合波束形成系统中,采用大量天线阵,可以获得极窄的波束来聚焦能量,降低干扰。

（2）发射器和接收器的发射和接收波束方向必须对齐。由于波束窄,若出现轻微的方向不对齐,则信噪比会急剧下降。针对发射器和接收器的发射和接收波束方向正确对齐的问题,有效的波束发现机制在毫米波通信中很重要,如线性波束扫描、树扫描、随机激励等。

2. 集中式-超密集组网

超密集组网在局部热点区域实现百倍量级的系统容量提升,是未来 5G 通信系统的主要技术之一。为了承担 2020 年及以后的移动网络数据流量,除了增加频谱带宽和提高频谱利用率外,网络密集化是不可避免的过程。因为毫米波波长短,元器件可以做得很小,所以部署大量小基站成为可能。超密集组网是通过减小小区半径,增加低功率节点数目的方式进行组网。超密集组网能够满足 5G 的爆炸性数据速率要求,实现小区基站的密集部署。超密集组网中进行控制承载分离和簇化集中控制,实现业务需求的灵活扩展。

1)超密集组网的优势

超密集组网技术的使用使人口密集的区域也能高速上网,如购物中心、密集住宅区和交通枢纽等地方。超密集技术的优点如下。

(1)与 4G 网络中的大型基站相比,5G 采用大量小基站方式部署网络,可以缩小发送端到接收端之间的距离,更加密集的小基站使无线资源得到更有效的利用,系统容量显著增加。

(2)采用大量的小型基站可以改变过去对大型基站的高度依赖,使组网更具弹性,从而提高网络密度和覆盖范围。

(3)超密集组网采用频谱资源的空间复用可以使频谱效率大幅度提高。

2)超密集组网技术的挑战

提高用户在人口密集区域的体验感和使万物更好地上网是超密集组网技术的目标。若用户体验感不好,则使用超密集组网也没任何意义。目前超密集组网技术术存在以下挑战。

(1)在超密集组网中,随着小区中小型基站的密集部署,小区间的干扰问题逐渐突出。只有控制信道的干扰问题,整个系统的传输才具有可靠性。对于干扰问题,可以采用小区间的干扰协调技术进行处理。随着小区密度的增加,仅靠小区中的基站解决小区间的干扰变得越来越难。采用多小区协调技术来对多个小区的基站进行协调,从而有效降低小区间的干扰。

(2)使用大量的小基站,每个小基站的覆盖范围较小导致用户移动时切换频繁,降低网络容量和影响小区用户体验。针对 5G 用户的移动性而产生的频繁切换问题,5G 网络可以采用以用户为中心的虚拟化技术,实际上是按照用户的需求分配资源。无论用户在什么位置,都能根据业务体验质量来获得可靠的通信服务。同时无论用户是否移动,都能保证用户有稳定的服务体验。用户移动性是一个非常具有挑战性的问题。幸运的是,依靠机器学习的大数据正趋于成熟,它可以跟踪用户的移动性,进而预测用户的未来位置。

3. 分布式-集中式大规模 MIMO 技术

毫米波的小波长使将大量天线放置在非常有限的空间内成为可能,大天线阵可以提供足够的阵列增益来补偿由于路径损耗、穿透损耗、降雨效应和大气吸收造成的严重信号衰减,因此,大规模多输入多输出(Multiple Input Multiple Output,MIMO)技术是未来毫米波无线通信系统中一种很有前途的技术。

大规模 MIMO 系统是指在无线通信链路的一侧使用大量可以单独控制的天线元器件的系统。大规模 MIMO 网络利用天线提供空间自由度,以相同的时间——频率资源上为多个用户复用消息。大规模 MIMO 技术跳出了以前单点对单点的通信模式。将单一的点对点信道变成多个并行的信道处理。

大规模 MIMO 技术可以分为集中式 MIMO 技术和分布式 MIMO 技术。集中式 MIMO 技术是多个基站天线集中排列形成天线阵列,分布式 MIMO 是基站的多个天线分散放置覆盖小区。其中,集中式 MIMO 技术的优势在于不需要同分布式 MIMO 技术一样,放置多个地理位置,并且避免光纤数据汇总时的同步问题,而分布式 MIMO 技术的优点在于它可以形成多个独立的传输信道,避免天线配置过于紧密导致信道相关性过强。

1) 大规模 MIMO 技术的优势

大规模 MIMO 技术是 MIMO 技术的优化和延伸。与传统的 MIMO 技术相比,大规模 MIMO 具有以下几点优势:

(1) 使用大规模 MIMO 技术可以提高系统容量。相对于通过减小小区尺寸的方式来提高系统容量,大规模 MIMO 系统可以直接通过增加基站天线数目提高系统容量,降低了实现复杂度,较大幅度地提高了系统容量。

(2) 降低了发射功率消耗和产品代价。大量天线的使用,使阵列增益大大增加,从而有效降低发射端的功耗。系统可以采用价格低廉、输出功率在毫瓦级别的放大器搭建,以降低发射功率消耗和产品代价。

(3) 系统具有很好的稳健性。大规模 MIMO 可以在很窄的范围内集中波形,极大提高了空间分辨率。理论证实,当天线数量足够大时,噪声和不相关干扰都可忽略不计,并且最简单的线性预编码和译码算法趋于最优。此外,更多天线数目提供了更多的选择性和灵活性,系统具有更高处理突发问题的能力。

(4) 使用大规模 MIMO 技术能有效地提高频谱效率。大规模 MIMO 技术使空间维度深度挖掘,在不增加基站密度和宽带的条件下,频谱效率也可以提高。频谱效率基本取决于并行信道的数目。

2) 大规模 MIMO 技术的挑战

大规模 MIMO 极大增加频谱效率,尤其是容量需求大和覆盖范围较广时,可以更好地满足网络增长的需求,但是它也存在如下挑战:

(1) 发射机侧需要准确的信道状态信息。频谱和能量的效率在很大程度上依赖于信道状态信息,尤其是在正交频分复用和大规模多天线系统中,信道估计因此尤为重要,所以在发射机侧需要准确的信道状态信息。

(2) 使用导频复用技术估计信道通常会造成导频污染。当基站(BS)天线的数目增加到无穷大时,导频污染使信号与干扰加噪声比(Signal to Interference plus Noise Ratio,SINR)饱和,若不存在导频污染,则 SINR 随着 BS 天线的数量线性增加,所以导频污染问题也是一项重要的技术挑战。

(3) 移动终端中的耦合。由于移动终端设备体积有限,天线元器件之间的强耦合不可避免,这就影响了天线的效率,也影响了天线的相关性,因此,应用解耦是非常重要的。

4. 网络功能虚拟化/软件定义网络技术

传统网络服务高度依赖于物理拓扑和特定的供应商硬件。软件定义网络

(SDN)和网络功能虚拟化(Network Function Virtualization,NFV)越来越普遍采用设计新的平台来创建、管理和按需扩展网络服务,并使资源优化。

NFV 已被业界普遍认定为下一代网络的主要发展方向,也是通信网络发展基础性的关键技术,可满足运营商低成本、灵活性和开放性的诉求。NFV 的目标是将专用网络设备整合到工业标准大量服务器上,也就是将网络功能从专用设备迁移到通用服务器运行的虚拟机或容器中。NFV 的核心是虚拟网络功能,NFV 利用虚拟化技术为未来网络提供了一种新的网络设计思路。NFV 把逻辑上的网络从实体硬件设备之中解耦出去,以期获得较低的网络建设成本与运营成本。NFV 依赖于传统的服务器虚拟化,但又不同于传统的服务器虚拟化,不同之处在于虚拟网络功能(Virtual Network Function,VNF)可能由一个或多个虚拟机构成。通常情况下需要多个 VNF 依次使用,才能为用户提供有用的服务。为取代专用的硬件设备,虚拟机需要运行不同的软件和进程。

软件定义网络是另一项解决传统网络僵化问题的关键技术。软件定义网络通过集中式的控制器提高了网络的可编程性,成为近年来网络领域非常热门的主题。SDN 本质上是一种集中式网络模式,其中控制平面集中在一个或一组控制实体上,而数据转发平面被简化并抽象为通过 SDN 控制器请求的应用程序和网络服务。SDN 的主要目的是分离控制平面和数据中心。SDN 分为三部分,其中应用层主要是业务和应用的集合,控制层主要由具有逻辑中心化和可编程的控制器组成,可掌握全局网络信息,方便配置网络和部署新协议。SDN 的基础设施层主要由交换机组成,其仅提供数据转发,可快速处理和匹配数据包。

SDN/NFV 具有相同的目标,都致力于使网络更加灵活,SDN 和 NFV 不相互依赖,但能实现技术互补。两者的互补性体现在 SDN 能增强 NFV 的兼容、易操作等性能,而 NFV 通过虚拟化及编排等技术能提高 SDN 的灵活性。SDN/NFV 已成为网络虚拟化和云化的关键技术。

1）SDN/NFV 技术的优势

SDN/NFV 是网络发展演进的新方向，是学术界和工业界值得不断探索的新技术。SDN/NFV 技术具有以下几个优势：

（1）将有效促进未来网络部署能力的提升、网络部署成本的降低和运营能力的增强。

（2）在网络硬件方面，对硬件的标准进行统一，把逻辑上的网络从实体硬件设备之中解耦出去，从而降低了引入专用硬件设施的费用。

（3）网络功能实现方面，利用可编程软件平台就可以实现虚拟化的网络功能。对控制面和数据转发面进行分离，可以实现整体网络的灵活管理。

2）SDN/NFV 技术的挑战

虽然 SDN/NFV 技术提高了 5G 网络的灵活性，但它依旧存在下列挑战：

（1）虽然 SDN/NFV 技术的可能性众所周知，但是具体的控制和编排仍在设计之中，很少有原型验证可用。

（2）实现高效、快速、可扩展的资源配置满足网络的要求，这个问题是 NFV 部署的一个重要挑战。NFV 架构中的编排器进行资源配置包括三个阶段，即虚拟网络功能链的构建、虚拟网络转发图的映射和虚拟网络功能的调度资源配置。三个阶段之间的协调、动态资源之间的配置、虚拟网络安全性、强容错能力、负载均衡等问题都应该考虑相关的策略实现。5G 技术涉及的一系列的资源分配问题，包括时频资源分配、正交导频资源分配、波束分配、大规模 MIMO 多用户聚类及无线网络虚拟化资源池调配等，AI（人工智能）技术为 5G 系统的设计与优化提供了一个超越传统性能的可能性。以网络功能虚拟化为例，必须使其核心决策算法能够自动匹配当前的无线、用户及流量条件，以实现计算资源的动态分配，而在这方面，人工智能是最佳候选技术，可以为当前的系统提供更敏捷和健壮的复杂决策能力。

（3）SDN 网络核心控制器作为网络集中化控制的实现部分，存在网络易受攻击的安全性问题。面对网络集中化控制易受攻击的问题，需要建立防护、备份、隔离等措施使网络系统安全地运行。AI 技术也为故障的自动检测与定位的问题提供可能。

（4）SDN/NFV 中有关软件、接口、控制架构体系等方面没有实现标准化，并且难以进行相关部署。在现实中，从遗留网络过渡到 SDN 网络并不是一蹴而就的。过渡需要大量部署费用且 SDN 有其自身的局限性，OpenFlow 协议也不够成熟，商用 SDN 交换机和控制器不完全可靠等这些因素减缓了 SDN 的部署步伐。

5. 网络切片技术

另一个与 SDN/NFV 并行而来的是网络切片。面对复杂的 5G 应用场景，网络切片已经成为 5G 的核心。网络切片把网络划分为多个端到端的平行的虚拟子网络来应对各种不同的应用场景，每个网络切片在设备、接入网、传输网及核心网方面实现逻辑隔离，适配各种类型服务并满足用户的不同需求。这意味着一个多用途、灵活和可编程的传输网络，能够以端到端的方式动态地编排资源。

SDN/NFV 技术是切片技术的前提，可以使用 SDN 和 NFV 等技术灵活地构造切片。网络切片技术要容纳在虚拟化的管理体系中。与传统的通信网络相比，使用网络切片技术可以为不同的场景切出相应的虚拟子网络。

1）网络切片技术的优势

网络切片技术用于满足 5G 中各种不同的应用场景。网络切片技术具有以下优势：

（1）通过网络切片技术在一个独立的物理网络上切出多个逻辑网络，减少许多基础设施的构建。

（2）基于 NFV/SDN 的网络切片的每个网络切片在控制面、转发面和管理面实现了逻辑隔离。切片之间相互隔离，若其中一个切片网络发生错误，则不会影响其他切片网络。

（3）对每个网络切片而言，网络带宽、服务质量、安全性等专属资源都可以得到充分保证。

（4）针对不同的应用场景提供专属的网络控制功能和性能保证,网络可以根据业务需求进行重构。

（5）切片网络具有与虚拟网络相同的性质,都是向上层业务提供网络资源,对物理网络进行虚拟化,并屏蔽了切片与物理网络的差异。同时使用的 SDN 技术可以简化业务的部署,有利于网络的管理。

2）网络切片技术的挑战

网络切片技术虽然使各种不同的应用可更好地连接在网络上,但它的技术目前还不成熟,具有以下挑战:

（1）制定标准化的 5G 切片方案。目前网络切片的标准还在制定和完善中,网络切片的研究也处于测试阶段,网络切片标准要考虑网络切片的划分粒度是否合适,切片粒度过大和过小对网络系统来讲都不适合。

（2）切片的后向兼容性问题,从 4G 网络时代过渡到 5G 网络时代需要一个过程,4G 网络是否作为 5G 网络的一个切面来管理。

（3）端到端切片的实现问题。目前的切片技术针对核心网的用户面和控制面进行切片,而无线侧的切片并没有很好地实现,只有对核心网的切片而没有实现端到端的切片并不能满足应用场景差异化的需求,不能很好地体现切片的价值和优势。

（4）每个切片的资源配置问题。其中最大的挑战是获得一种切片隔离的机制。

6.4 移动边缘计算与 5G

MEC 系统的引入将带来网络功能的重构,对 5G 网络演进产生的影响主要体现在无线接入网及移动核心网的接口定义及相关功能方面。图 6.7 总结了 5G 网络演进过程中可能引入或影响的与 MEC 系统相关的接口。

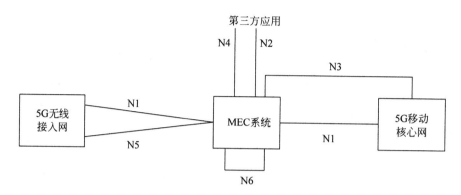

图 6.7　5G 网络演进中与 MEC 系统相关的接口

1. N1 接口

N1 接口为 5G 无线接入网与 5G 移动核心网之间的数据平面接口。引入 MEC 系统后,为了支持本地流量转发及处理,该接口将被 MEC 系统拦截。也就是说,MEC 系统将对 5G 无线接入网的数据平面进行检测分析,以确定相关的处理动作。对该接口的操作由 MEC 系统的路由子系统负责。

2. N2 接口

N2 接口为第三方应用到 MEC 系统的数据平面接口,类似于 EPC 网络内的 SGi 接口。第三方应用通过该接口实现本地化的业务运行。对该接口的操作由 MEC 系统的路由子系统执行。目前,3GPP 已在 5G 核心网的用户平面内引入了上行流量分类器(Uplink Classifier,UC)用于支持面向本地第三方应用的流量卸载。

3. N3 接口

N3 接口为 MEC 系统与移动核心网之间的控制接口。该接口使 MEC 系统可以与移动核心网在计费及策略控制等方面实现对接。利用该接口，部署在移动网络外部的应用也可以通过特定的控制接口(例如 Rx)向 MEC 系统发起网络能力调用请求。对该接口的操作由 MEC 系统的能力开放子系统及平台管理子系统负责。

4. N4 接口

N4 接口为 MEC 系统与第三方应用之间的控制接口。该接口为第三方应用发起网络能力调用提供了北向接口。对该接口的操作由系统的能力开放子系统负责。

5. N5 接口

N5 接口为 MEC 系统与 5G 无线接入网之间的控制接口。MEC 系统通过该接口对无线接入设备进行操作控制，完成无线网络能力的调用。该接口实际上为 MEC 能力开放子系统中的平台中间件提供了一种规范化的南向接口。对该接口的操作由 MEC 系统的能力开放子系统负责。

6. N6 接口

N6 接口为 MEC 系统之间的接口。该接口类似于 LTE 基站之间的 X2 接口，同时支持数据平面及控制平面功能。该接口在用户移动状态下，为基于 MEC 系统运行的业务提供了业务连续性支持。对该接口的操作由 MEC 系统的路由子系统执行。

我们可以从以下几个不同的角度，包括业务和用户感知、跨层优化、网络能力开放、C/U 分离、网络切片等 5G 趋势技术,来分析移动边缘计算对 5G 发展的促进作用。

1)业务和用户感知

传统的运营商网络是"哑管道",资费和商业模式单一,对业务和用户的管控能力不足。面对该挑战,5G 网络智能化发展趋势的重要特征之一就是内容感知,通过对网络流量的内容进行分析,可以增加网络的业务黏性、用户黏性和数据黏性。业务和用户感知也是移动边缘计算的关键技术之一,通过在移动边缘对业务和用户进行识别,可以优化利用本地网络资源,提高网络服务质量,并且可以为用户提供差异化的服务,带来更好的用户体验。与核心网的内容感知相比,移动边缘计算的无线侧感知更加分布化和本地化,服务更靠近用户,时延更低,同时业务和用户感知更有本地针对性,但是与核心网设备相比,移动边缘计算服务器的能力更受限。移动边缘计算对业务和用户的感知将促进运营商由传统的"哑管道"向 5G 智能化管道发展。

2)跨层优化

移动边缘计算有效推动跨层优化。跨层优化是提升网络性能和优化资源利用率的重要手段,在现有网络及 5G 网络中都能起到重要作用。移动边缘计算由于可以获取高层信息,同时由于靠近无线侧而容易获取无线物理层信息,十分适合做跨层优化。目前移动边缘计算跨层优化的研究主要包括视频优化、TCP 优化等。移动网络中视频数据的带宽占比越来越高,这一趋势在未来 5G 网络中将更加明显。当前对视频数据流的处理是将其当作一般网络数据流进行处理,有可能造成视频播放出现过多的卡顿和延迟,一类跨层优化是通过靠近无线侧的移动边缘计算服务器估计无线信道带宽,选择适合的分辨率和视频质量来做吞吐率引导,可大大提高视频播放的用户体验;另一类重要的跨层优化是 TCP 优化。TCP 类型的数据目前占据网络流量的 95%~97%,但是目前常用的 TCP 拥塞控制策略并不适用于无线网络中快速变化的无线信道,容易造成丢包或链路资源浪费,难以准确跟踪无线信道状况的变化。通过 MEC 提供无线低层信息,可帮助 TCP 降低拥塞率,提高链路资源利用率。其他的跨层优化还包括对用户请求的 RAN 调度优化(如允许用户临时快速申请更多的无线资源),以及对应用加速的 RAN 调度优化(如允许速率遇到瓶颈的应用程序申请更多的无线资源)等。

3) 网络能力开放

移动边缘计算有力地支撑了 5G 网络能力开放。网络能力开放旨在实现面向第三方的网络友好化,充分利用网络能力互惠合作,是 5G 智能化网络的重要特征之一。除了 4G 网络定义的网络内部信息、服务质量控制、网络监控能力、网络基础服务能力等方面的对外开放外,5G 网络能力开放将具有更加丰富的内涵,网络虚拟化、软件定义网络技术及大数据分析能力的引入,也为 5G 网络提供了更为丰富的可以开放的网络能力。由于当前厂商设备各异,缺乏统一的开放平台,导致网络能力开放需要对不同厂商的设备分别开发,加大了开发工作量。欧洲电信标准化协会对移动边缘计算的标准化工作中很重要的一块就是网络能力开放接口的标准化,包括对设备的南向接口和对应用的北向接口。移动边缘计算将对 5G 网络的能力开放起到重要支撑作用,成为能力开放平台的重要组成部分,从而促进能力可开放的 5G 网络的发展。

4) C/U 分离

C/U 分离技术有利于推动移动边缘计算的实现。移动边缘计算由于将服务下移,流量在移动边缘就进行本地化卸载,计费功能不易实现,也存在安全问题,而 C/U 分离技术通过控制面和用户面的分离,用户面网关可独立下沉至移动边缘,自然就能解决移动边缘计算计费和安全问题,所以作为 5G 趋势技术之一的 C/U 分离同时也是移动边缘计算的关键技术,可为移动边缘计算计费和安全提供解决方案。移动边缘计算相关应用需求的按流量计费功能和安全性保障需求,将促使 5G 网络的 C/U 分离技术的发展。

5）网络切片

移动边缘计算有利于驱使 5G 网络的切片发展。网络切片作为 5G 网络的关键技术之一，目的是区分出不同业务类型的流量，在物理网络基础设施上建立起更适应于各类型业务的端到端逻辑子网络。移动边缘计算的业务感知与网络切片的流量区分在一定程度上具有相似性，但在流量区分的目的、区分精细度、区分方式上都有所区别。移动边缘计算与网络切片的联系还在于，移动边缘计算可以支持对时延要求最为苛刻的业务类型，从而成为超低时延切片中的关键技术。移动边缘计算对超低时延切片的支持，丰富了实现网络切片技术的内涵，有助于驱使 5G 网络切片技术加大研究力度、加快发展。

在未来，5G 系统还将具备足够的灵活性，具有网络自感知、自调整等智能化能力，以应对信息社会的快速变化，而这更需要移动边缘计算技术相关研究的支持。

6.5 移动边缘计算部署场景

6.5.1 基于 LTE 基站部署

如图 6.8 所示，MEC 基础设施与 LTE 基站共享同一个站址。从网络架构上来看，MEC 基础设施部署在 S1 接口上，LTE 基站可包括宏基站及小基站。

这种方式在降低时延及缓解移动核心网拥塞方面效果最为明显，但是需要在站点数量上实现 MEC 基础设施同基站的 1∶1 部署，因此其系统维护及整体建设成本会偏高。如果与宏基站共享站址，MEC 基础设施通常需要在室外部署，为了适应相对恶劣的运行环境，单个站点的建造标准会比较高。如果与小基站一同部署，由于空间的限制，MEC 基础设施只能提供相对有限的 IT 能力，但是从网络能力开放角度来看，这种方式便于 MEC 系统获取单个蜂窝小区及用户的实时信息。

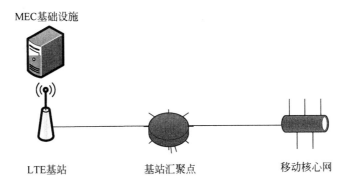

图 6.8　基于 LTE 宏站的 MEC 服务器部署方式

因此,从业务需求角度来讲,这种方式适用于在高带宽、低时延或业务创新方面存在强需求且支付能力较高的第三方业务。可考虑在业务热点地区按此类方式进行部署。

6.5.2　基于基站汇聚点部署

基站汇聚点可连接多个不同制式的基站(例如 3G、LTE、WiFi 等)。它既可以部署在室内用于企业级覆盖(例如医院及大型购物中心等),也可部署在室外提供公共覆盖,如图 6.9 所示,MEC 基础设施可与此类站点共享站址。

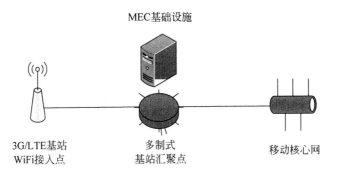

图 6.9　基于多制式基站汇聚点的 MEC 基础设施部署方式

相对场景1(基于 LTE 基站部署),这种部署方式由于距离无线接入点较远,所以在降低时延方面的效果偏弱,而且可能对无线接入点的回传线路产生较大的流量压力。从站点数量上看,这种方式可实现 MEC 基础设施同基站的一对多部署,在维护及整体建设成本方面具有一定优势。在网络能力开放方面,这种方式支持同时获取多个无线接入点及用户的信息,但存在一定的信息获取时延及偏差,例如对于用户位置信息,MEC 系统无法单纯依赖汇聚站点的信息实现小区级别的定位。

从业务需求角度看,此类方式适合对带宽、时延及业务创新存在一定需求的业务。在 MEC 系统部署初期且第三方业务需求不强烈的情况下,也适合采取这种部署方式。

6.5.3　基于无线网络控制器部署

如图 6.10 所示,MEC 基础设施与 3G 网络的无线网络控制器共享同一个站址。从网络架构上来看,MEC 基础设施部署在 Iu-PS 接口上。这种方式是场景 2 (基于基站汇聚点布置)在单纯 3G 网络内的实现,其特点与场景 2 类似。

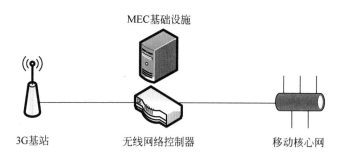

图 6.10　基于无线网络控制器的 MEC 基础设施部署方式

6.6 本章小结

随着移动互联网的飞速发展,用户对网络流量的需求越来越大,要求也越来越高,为更快处理网络中用户需求,移动边缘计算技术应运而生。本章首先介绍了移动边缘计算的基本概念及其整体系统架构与组件,然后,结合5G通信技术的发展,介绍了移动边缘计算与5G技术的相互影响,最后介绍了移动边缘计算的部分部署场景。

第 7 章

边缘计算范例

11min

7.1 智慧城市

7.1.1 智慧城市背景

智慧城市是指利用各种信息技术或者创新理念,集成城市的组成系统和服务,以提升资源运用的效率,优化城市管理和服务,改善市民生活质量。智慧城市把新一代信息技术充分应用在城市的各行各业中,基于支持社会下一代创新的城市信息化高级形态,实现信息化、工业化与城镇化深度融合,有助于缓解"大城市病",提高城镇化质量,实现精细化和动态管理,并提升城市管理成效和改善市民生活质量。智慧城市体系包括智慧物流体系、智慧制造体系、智慧贸易体系、智慧能源应用体系、智慧公告服务体系、智慧社会管理体系、智慧交通体系、智慧健康保障体系、智慧安居服务体系、智慧文化服务体系等。

说到智慧城市,就不得不提到 IBM 公司(国际商业机器公司)。

为了应对金融危机,使企业获得更高的利润,IBM 公司将业务重点由硬件转向软件和咨询服务,并于 2008 年 11 月提出了"智慧地球"的理念,引起了美国和全球的关注。智慧地球分成三个要素,即"3I":物联化(Instrumentation)、互联化(Interconnectedness)和智能化(Intelligence),是指把新一代的 IT、互联网技术充分运用到各行各业,把感应器嵌入、装备到全球的医院、电网、铁路、桥梁、隧道、公路、建筑、供水系统、大坝、油气管道等,通过互联网形成"物联网",而后通过超级计算机和云计算,使人类以更加精细、动态的方式生活,在世界范围内提升"智慧水平",最终实现"互联网+物联网=智慧地球"。

图 7.1　互联网+物联网=智慧地球

7.1.2　智慧城市的定义

IBM 给出的"智慧城市"定义为运用信息和通信技术手段感测、分析、整合城市运行核心系统的各项关键信息,从而对包括民生、环保、公共安全、城市服务、工商业活动在内的各种需求做出智能响应。IBM 对"智慧城市"的定义实际上是用先进的信息技术,实现城市智慧式管理和运行,进而为城市中的人创造更美好的生活,促进城市的和谐、可持续发展。

IBM 的"智慧城市"理念把城市本身看成一个生态系统,城市中的市民、交通、能源、商业、通信、水资源构成一个个的子系统。这些子系统形成一个普遍联系、相互促进、彼此影响的整体。在过去的城市发展过程中,由于科技力量不足,这些子系统之间的关系无法为城市发展提供整合的信息支持;而在未来,借助新一代的物联网、云计算、决策分析优化等信息技术,通过感知化、物联化、智能化的方式,可以将城市中的物理基础设施、信息基础设施、社会基础设施和商业基础设施连接起来,成为新一代的智慧化基础设施,使城市中各领域、各子系统之间的关系显现出来,就好像给城市装上网络神经系统,使之成为可以指挥决策、实时反应、协调运作的"系统之系统"。智慧的城市意味着在城市不同部门和系统之间实现信息共享和协同作业,更合理地利用资源,做出最好的城市发展和管理决策,及时预测和应对突发事件和灾害。

国际电信联盟秘书长认为,每个国家的城市将会因为信息通信技术的应用变得更加美好。国家信息化专家咨询委员会副主任、前中国工程院副院长邬贺铨认为,智慧城市就是一个网络城市,物联网是智慧城市的重要标志。国际欧亚科学院院士王钦敏提出,智慧城市是充分利用信息化相关技术,通过监测、分析、整合及智能响应的方式,综合各职能部门,整合优化现有资源,提供更好的服务、绿色环境、和谐社会,保证城市可持续发展,为企业及大众建立一个良好的工作、生活和休闲的环境,它包括城市智能交通系统、城市指挥中心、能源管理系统、公共安全、环境保护等。两院院士、武汉大学教授李德仁则认为"数字城市+物联网=智慧城市"。

总之,智慧城市是以互联网、物联网、电信网、广电网、无线宽带网等网络组合为基础,以智慧技术高度集成、智慧产业高度发展、智慧服务高效便民为主要特征的城市发展新模式。智慧化是继工业化、电气化、信息化之后,世界科技革命又一次新的突破。利用智慧技术,建设智慧城市,是当今世界城市发展的趋势和特征。

7.1.3 智慧城市应用

建设智慧城市必须考虑三大因素——绿色、低碳和智能,这三大因素相互作用、相辅相成。现阶段,对智慧城市建设来讲,构建宜居、安全舒适的城市生活环境是最重要的。

一座智慧城市必然涉及很多信息系统。要想做好智慧城市的建设工作,城市建设者与运营者就必须学会运用技术手段对这些信息系统进行优化与管理,开展信息化工程,推动智慧城市稳步前进。

除了信息系统,智慧城市还涉及很多 IoT 数据,城市建设者与运营者需要开展安装传感器、建设网络基础设施、搭建系统平台等一系列操作,而这一切都需要一个安全、可靠、高效的后端平台作为支撑。

任何一项技术与应用在从无到有的过程中都会面临很多困难,尤其是在初试方案制订阶段,智慧城市也是如此。智慧城市的构建需要以基于移动设备的边缘计算系统作为支撑。

智慧城市通过物联网、通信与信息管理等技术更加高效智能地利用资源,提高城市在社会和经济方面的服务质量,并与其所有的利益相关者(个人、公司和公共行政部门)建立更加紧密的联系,增加政府和个体之间的信息交流与互动。近年来,RFID、传感器、智能手机、可穿戴传感器和云计算等技术的发展,加快了智慧城市发展的步伐。

未来智慧城市的基础设施建设将进一步呈现物联网化,无数传感器设备将安装在城市中的每个角落,涉及城市安全、智能交通、智能能源、智慧农业、智能环保、智能物流、智能健康等多个领域。实现智慧城市的目标无法避免地涉及大数据的3V 特点,即数据量、时效性和多样性。智慧城市环境下的信息源不仅有静态的数据,还应包括城市车辆和人员的流动、能源消耗、医疗保健和物联网等实时数据。

智慧城市的建设必须利用不同领域的大数据,进行分析计算、预测、检测异常情况,以便于政府采取更早或更好的决策,为公民提供更好的交通出行体验、更好的城市生活环境等服务。然而,基于分布式和信息基础设施建设的智慧城市包含数千万个信息源,并且在 2020 年已超过 500 亿台联网设备,这些设备将产生大量数据并传输到云计算中心进一步处理。云计算中心大规模计算和存储可以满足服务质量的需求,但是,云计算模型下无法解决终端数据传输延时较大及设备隐私泄露的问题。Christin 等对于参与式感知的移动互联网应用的隐私问题做了调查,发现大多应用存在隐私泄露问题。Cristofaro 等认为参与式应用可以为数据生产者和数据消费者提供隐私保护。另外,在处理智慧城市的数据安全问题时,云计算中特有的远程数据中心的存储和物理访问等安全问题仍然存在,智慧城市的解决方案需要一种全面的方法来处理智慧城市数据安全和用户的隐私保护问题。除了隐私保护方面的问题,云计算模型也存在传输带宽和存储方面的问题。然而,边缘计算模型中的边缘设备计算能力、存储资源、能量有限,无法胜任计算密集型任务。在智慧城市的背景下,单一的计算模式无法解决城市智慧化进程中所遇到的问题,因此,需要多种计算模式的融合。

根据边缘计算模型中将计算最大程度迁移到数据源附近的原则,用户需求在计算模型上层产生并且在边缘处理。边缘计算可作为智慧城市中一种较理想的平台,主要取决于以下三方面:

(1) 大数据量。据思科全球云指数数据,2019 年,一个百万人口的城市每天产生 180PB 的数据,其主要来自于公共安全、健康数据、公共设施及交通运输等领域。云计算模型无法满足对这些海量数据的处理,因为云计算模型会引起较大传输带宽负载和较长传输延时。在网络边缘设备进行数据处理的边缘计算模型将是一种高效的解决方案。

(2) 低延时。万物互联环境下,大多数应用具有低延时的需求(例如健康急救和公共安全),边缘计算模型可以降低数据传输时间,简化网络结构。此外,与云计算模型相比,边缘计算模型对决策和诊断信息的收集将更加高效。

（3）位置识别。如运输和设施管理等基于地理位置的应用,对于位置识别技术,边缘计算模型优于云计算模型。在边缘计算模型中,基于地理位置的数据可进行实时处理和收集,而不必传送到云计算中心。

综上所述,智慧城市的建设依靠单一的集中处理方式的云计算模型无法应对所有问题,边缘计算模型可作为云计算中心在网络边缘的延伸,能够高效地处理城市中任意时刻产生的海量数据,更安全地处理用户和相关机构的隐私数据,这样才能帮助政府更快、更及时地做出决策,提高城市公民的生活质量。

【案例7.1】　智慧零售：京东7FRESH无界零售概念店

京东的无界零售概念店7FRESH不但整合并升级了供应链,也推动了零售行业的智慧化转型,并创造了新的消费场景。

在京东的无界零售概念店7FRESH中,京东部署了搭载英特尔至强处理器D-1500的英特尔边缘智能解决方案,在边缘侧节点承载容器服务,满足了商品状态监测、收银信息记录、人脸识别等应用需求,为无界零售奠定了基础。

作为一种创新的零售理念,“无界零售”既包括通过后端供应链的一体化减少品牌商的操作难度,也包括改善前端的零售体验以满足消费者随时随地的消费需求。目前已经正式投入运行的京东7FRESH概念店,搭载了众多传统食品商超内不具备的“黑科技”,如实现线上线下实时同价的电子价签,可迅速查看果蔬生产种植信息的智能魔镜,支持刷脸支付的自助POS结算机,可跟踪消费者、解放消费者双手的无人购物车等,引领了一种智能、高效、新潮的零售风潮。

在7FRESH概念店等线下零售场景中,主流的零售应用已经实现智能化,产生了远超普通零售店的数据。仅仅依靠云端难以提供低时延、高性能的数据存储与处理服务,所以由边缘计算支撑的智慧零售系统就扮演着重要角色。通过将边缘计算能力扩展到货架、摄像头、电子秤、打印机等本地设备,京东7FRESH概念店可以实现对货架商品状态的实时跟踪,分析店铺内货架热点区域,以便后续调整热门商品摆放,监控店铺内部的人员流动并通过人脸识别进行精准商品推荐等。不但可以整合并升级供应链,也推动了零售行业的智慧化转型,创造了新的消费场景。

随着网络流量和复杂性的增加,特别是 AI 应用的发展带来了数据处理需求的指数级增长,动作感应、人像识别等应用产生了海量数据,这就要求供应商能快速分析靠近边缘的数据,进行近乎实时的响应并将相关洞察信息传输至云端,这就对边缘设备的计算能力提出了极为严苛的要求。对于京东来讲,为 7FRESH 概念店中的边缘智能设备选择适用的基础设施至关重要。为数据中心应用环境而设计的处理器虽然提供了顶级的处理能力、扩展性,不过由于其并非专为边缘计算环境而设计,所以体积、功耗都偏大,难以集成到边缘设备中。同时,传统嵌入式、高集成度的片上系统(SoC)解决方案虽然在体积与功耗上能够满足需求,但是性能存在显著的瓶颈,难以满足概念店对边缘计算设备的数据处理需求。在操作空间和功耗受到严格限制的前提下,寻找高度可扩展、紧凑且节能的 SoC 解决方案是京东推动 7FRESH 概念店成功实践的关键之一。另外,改善智能零售体验、降低人员辅助与维护成本也是"无界零售"的一个重要目标。边缘设备必须在可用性、可靠性和可维护性(RAS)方面满足需求,才能降低设备的故障发生率,提升消费者对无界零售的信任。

为了给 7FRESH 概念店奠定数字化能力基础,京东设计了一套衔接数据中心与边缘端的应用架构,如图 7.2 所示,在虚拟私有云(Virtual Private Cloud,VPC)隔离环境中运行相关的应用。此外,作为边缘侧节点承载的店内系统,运行与数据中心端一致的容器服务,并满足货品监测、收银记录、人员识别等边缘智能的需求。

作为边缘侧节点承载的店内系统,需要运行与数据中心端一致的容器服务,它需要实时地做以下工作:

(1) 监测货架商品状态。通过货架上的传感器记录商品变化。

(2) 负责收银记录。记录备份所有的交易信息。

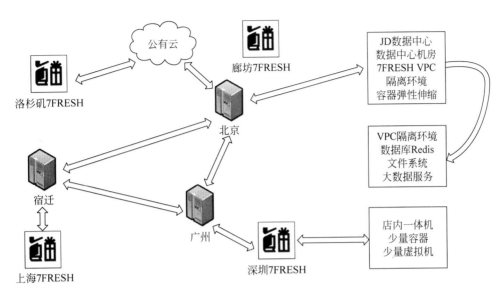

图7.2 京东 7FRESH 概念店应用架构

（3）通过部署在店内的摄像头记录人员的流动情况。

（4）通过第（3）点记录下的轨迹，分析店铺内货架热点区域，以便后续调整热门商品的摆放位置。

（5）负责店铺内人脸识别，做人物画像，以便做精准商品推荐。

（6）巡检。库存巡检，缺货时向后台发出补货请求。

（7）电子秤。记录电子秤信息。

（8）打印机。打印购物凭条等。

为了服务安全，京东在店内部署了多个节点并将相同容器服务运行于不同系统以便互为备份。

在至关重要的边缘端基础设施方面，英特尔提供了基于英特尔至强处理器 D-1500 的解决方案。英特尔至强处理器 D-1500 具有 2～16 个内核的硬件和软件可扩展性，性能强大，并利用集成的散热器和 BGA 封装以实现低功耗的目标，将高级智能和性能成功地带入密集型且低功耗的 SoC，满足边缘计算对于性能、功耗的严苛要求。

10min

7.2 智能交通

智能交通系统(Intelligent Traffic System,ITS)的前身是智能车辆道路系统(Intelligent Vehicle Highway System,IVHS)。智能交通系统将先进的信息技术、数据通信技术、传感器技术、电子控制技术及计算机技术等有效地综合运用于整个交通运输管理体系,从而建立起一种大范围内、全方位发挥作用的实时、准确、高效的综合运输和管理系统,如图7.3所示。在可预见的未来,有两个行业的快速发展是非常明确的,一个是通信行业,另一个就是交通行业。因为社会的快速发展带来更多的信息和物理实体上的交流,信息的交流靠通信,物理实体的交流靠交通,因此,作为通信技术与交通技术的结合,智能交通领域一直是备受关注的焦点。

图 7.3 智能交通管理

目前,在公共交通领域,随着轨道交通的快速发展及各类交通工具的普及,人们的出行方式不断增加。作为传统的公共交通基础设施,虽然公交线路和运营车辆数均在持续增加,但客流和分担率在持续下降。尽管有多项政策引导公共交通优先发展,但是公交优先未能真正有效落实,地面公交"老大难"的问题仍未得到有效解决,如公交调度发车、公交线路优化、专用车道等问题。正因为如此,智能交通系统在公共交通领域的应用显得更加重要。随着 5G 网络和边缘计算技术的发展,车辆调度的低时延要求已得到满足,智能交通的落地实现时机逐渐成熟。

7.2.1 边缘计算在智能交通领域的应用

根据目前的市场需求情况可以预测,未来通信行业与交通行业将呈现迅猛发展的态势。这是因为随着社会的发展,信息交流与物理交流的频次迅速增加。信息交流有赖于通信行业的发展,物理交流则有赖于交通行重的发展,因此,集先进通信技术与交通技术于一体的智能交通的发展受到了业界的广泛关注。

智能交通的快速发展能给人们带来诸多便利。例如,城市车辆在智能交通的支持下能够迅速完成对路况信息的采集与分析;高铁依靠智能交通能够高效地完成运输任务;远洋航海的工作人员通过智能交通可以与亲朋好友保持联系等。从目前的情况来看,以无人值守轨道交通为代表的智能交通技术拥有广阔的发展空间。

边缘计算在智能交通领域中已经得到应用。具体看来,边缘计算在智能交通领域有三大应用价值。

1. 智能交通更具安全性

铁路、公路、航空和海运等交通行业都将安全放在首位。尽管部分科技企业在自动驾驶技术的研发方面取得了初步进展,但在技术应用方面的进展却比较缓慢,这是因为受到了安全因素的限制。边缘计算的快速发展与应用有望解决智能交通行业所面临的这一问题。

在遇到危险时,人们的第一反应是下意识做出的,而不是由大脑指挥做出的。

智能产品及设备也应该具备这种反应能力。以自动驾驶汽车为例,当汽车在危急情况下需要紧急刹车时,如果仍需将实况数据发送给云端,再由云端将刹车指令传达给汽车,汽车根据指令进行反应,则整个过程所需要的反应时间会很长,很可能无法避免事故的发生。如果赋予汽车数据处理能力,就能够提高其应对紧急情况的能力。

在实际的驾驶过程中还可能遇到这样的情况,即临时的技术问题、信号干扰或自然灾害等会导致当地的自动驾驶汽车及其他智能交通产品无法接入网络。如果汽车能够利用边缘计算进行应对,就能降低交通事故的发生概率,从而提高自动驾驶的安全性。

2. 智能交通系统更具经济性

IoT 的应用能够促进智能交通的发展。上海迪士尼就在外场实现了 IoT 的覆盖,并在网络系统中接入了 300 多个车辆检测器。

上海迪士尼所采用的技术优势主要体现在两方面:一方面,车辆检测器安装起来并不复杂,可省去布线操作,使用简便;另一方面,上海迪士尼选择了 NB-IoT 技术,网络覆盖范围广,信号传递距离远,并且车辆检测器的待机时间长达 10 年,可及时获知所有停车位的信息,不仅可以为车主停车提供便利,而且能最大化地利用车位资源。

边缘计算能够有效地提高智能交通系统的经济性。举例来讲,屏蔽门在很大程度上限制了城市轨道交通系统的自动化发展。目前,屏蔽门的开启与关闭仍需由列车司机手动控制,司机需要确认乘客都上车之后再关闭所有屏蔽门。如果以人类的神经系统做比喻,则列车的屏蔽门系统只具备大脑,却无法通过末梢神经来控制终端的行为。针对这个问题,可以应用边缘计算,引入检测与控制技术,让列车的各个屏蔽门系统能够自动打开与关闭。这能有效地提高智能交通系统的经济性,加快城市轨道交通的智能化发展。云计算的应用能够提高智能交通系统的中央控制能力,边缘计算的应用则能够提高智能交通系统的终端反应能力。这两种技术的结合使用能够加速智能交通系统的整体运转,提高系统的经济性。

3.为乘客带来更多增值服务

智能交通利用边缘计算能为乘客提供多元化的增值服务,优化整体的乘车体验。例如,移动电视传媒公司利用华为推出的智慧公交车联网服务,在公交车上安装车载智能移动网关,通过运营平台来控制分散在各地的单体终端,不仅能为广告主提供更有针对性的营销服务,而且能提升乘客的乘车体验。

车载智能移动网关能够提前加载部分数据,即便在网络信号较差的区域也可以提供服务。智能交通系统可以使用该技术为乘客提供网络连接服务。以轨道交通为例,只要在地铁上安装智能移动网关设备,列车就能在网络信号较好的车站进行数据加载,并在网络环境较差的车站为乘客持续提供网络服务。

【案例7.2】　华为 Atlas 500 智能小站

超高速、低时延、高带宽是5G网络的典型特征,其大规模应用将带领我们走向 IoT 时代。届时,更加个性化、多元化的智能交通应用场景将大量涌现。例如,2019年7月17日,华为官方宣布,华为 Fusion Cube 智能边缘一体机陆续在全国范围内启用。

华为 Fusion Cube 智能边缘一体机将部署在 ETC 门架或者路侧,并与省、部联网数据中心无缝对接,支持海量 ETC 门架收费系统的远程统一管理,这可以帮助有关部门高效开展现金和非现金拆分结算业务。

更加关键的是,华为 Fusion Cube 智能边缘一体机还能对车辆行驶数据及路况数据进行实时搜集,并在此基础上实现车流量监测、路况分析和预测,解决交通拥堵,实现车路协同,对违法行为进行抓拍并预警等,毋庸置疑,这将为智慧交通建设奠定坚实的基础。

Atlas 500 智能小站属于边缘设备,具备强大的 AI 计算能力,可以满足车辆特征统计、图像分析识别、车牌识别对比等多种 AI 计算需求。

5G 时代的 AI 计算网络包括云、边缘和端三部分。

（1）云：对数据进行汇总、分类，并持续对模型进行训练和优化，将更为成熟的模型提供给边缘。

（2）边缘：连接云和端的媒介，利用云提供的模型对端提供的数据进行实时分析，并开展智能决策；同时，将高质量数据传输给云，帮助后者优化模型。

（3）端：负责收集数据，执行指令，并完成简单的计算。

Atlas 500 智能小站可以与私有云、公有云高效协同，由云推送应用、更新算法，并对设备进行统一管理和软件升级，是一种面向云、边缘和端的全场景 AI 基础设施解决方案。同时，Atlas 500 智能小站支持 WiFi 和 LTE 两种无线通信方式，能够满足多元化的网络接入及数据传输需求。华为 Atlas 500 智能小站功耗极低，应用成本较低，而且占地面积小，部署方便快捷。从实践经验来看，边缘环境较为复杂，设备需要适应楼顶、路侧、水池和野外等各类环境。华为 Atlas 500 智能小站应用了 TEC（Thermo-Electric Cooling，热电制冷）技术，能够适应极端的运行环境。

华为 Atlas 500 智能小站拥有开放算法仓库资源，背靠华为智能边缘服务软件 IES 和开源边缘管理系统 Kube Edge，支持第三方应用快速、低成本接入。这有助于华为 Atlas 500 智能小站整合更多的外部资源，满足用户多元化的应用需求。未来，华为 Atlas 500 智能小站不仅会在智能交通领域发光发热，而且将在医疗、零售、安防和工业互联网等领域爆发出惊人的能量。

7.2.2 边缘计算在自动驾驶领域的应用

汽车自动驾驶具有"智慧"和"能力"两层含义。所谓"智慧"是指汽车能够像人一样智能地感知、综合、判断、推理、决断和记忆；所谓"能力"是指自动驾驶汽车能够确保"智慧"有效执行,可以实施主动控制,并能够进行人机交互与协同。自动驾驶是"智慧"和"能力"的有机结合,二者相辅相成,缺一不可。

为实现"智慧"和"能力",自动驾驶技术一般包括环境感知、决策规划和车辆控制三部分。类似于人类驾驶员在驾驶过程中,通过视觉、听觉、触觉等感官系统感知行驶环境和车辆状态,自动驾驶系统通过配置内部和外部传感器获取自身状态及周边环境信息。内部传感器主要包括车辆速度传感器、加速传感器、轮速传感器、横摆角速度传感器等。主流的外部传感器包括摄像头、激光雷达、毫米波雷达及定位系统等,这些传感器可以提供海量的全方位行驶环境信息。为有效利用这些传感器信息,需要利用传感器融合技术将多种传感器在空间和时间上的独立信息、互补信息及冗余信息按照某种准则组合起来,从而提供对环境的准确理解。决策规划子系统代表自动驾驶技术的认知层,包括决策和规划两方面。决策体系定义了各部分之间的相互关系和功能分配,决定了车辆的安全行驶模式;规划部分用于生成安全、实时的无碰撞轨迹。车辆控制子系统用于实现车辆的纵向车距、车速控制和横向车辆位置控制等,是车辆智能化的最终执行机构。环境感知和决策规划对应自动驾驶系统的"智慧",而车辆控制则体现了其"能力"。

自动驾驶的边缘计算架构依赖于边云协同和 LTE/5G 提供的通信基础设施和服务。边缘主要指车载边缘计算单元、RSU 或 MEC 服务器等,其中车载单元是环境感知、决策规划和车辆控制的主体,但依赖于 RSU 或 MEC 服务器的协作。例如,RSU 给车载单元提供了更多关于道路和行人的信息,但是有些功能运行在云端更加合适甚至无法替代,如车辆远程控制、车辆模拟仿真和验证、节点管理、数据的持久化保存和管理等。

自动驾驶边缘计算平台的特点主要包括以下几点。

1. 负载整合

目前,每辆汽车搭载超过 60 个电子控制单元(ECU),用来支持娱乐、仪表盘、通信、引擎和座位控制等功能。例如,某款豪华车拥有 144 个 ECU,其中约 73 个使用 CAN 总线连接、61 个使用 LIN 总线连接,剩余 10 个使用 FlexRay 总线连接,这些不同 ECU 之间互联的线缆长度加起来达 4293m。这些线缆不仅增加成本,对其进行安装和维护的工作量和成本也非常高。随着电动汽车和自动驾驶汽车的发展,包括 AI、云计算、车联网 V2X 等新技术不断应用于汽车行业中,使汽车控制系统的复杂度愈来愈高。同时,人们对于数字化生活的需求也逐渐扩展到汽车上,例如 4K 娱乐、虚拟办公、语音与手势识别、手机连接信息娱乐系统(IVI)等。所有这些都促使着汽车品牌厂商不断采用负载整合的方式来简化汽车控制系统,集成不同系统的人机接口(Human Machine Interface,HMI),缩短上市时间。具体而言,如图 7.4 所示,也就是将 ADAS、IVI、数字仪表、平视显示系统(Head Up Display,HUD)和后座娱乐系统等不同属性的负载,通过虚拟化技术运行在同一个硬件平台上。同时,基于虚拟化和硬件抽象层(HAL)的负载整合,更易于实现云端对整车驾驶系统进行灵活的业务编排、深度学习模型更新、软件和固件升级等。

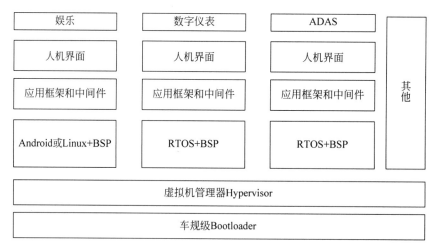

图 7.4　自动驾驶负载整合

2. 异构计算

由于自动驾驶边缘平台集成了多种不同属性的计算任务,例如精确地理定位和路径规划、基于深度学习的目标识别和检测、图像预处理和特征提取、传感器融合和目标跟踪等,而这些不同的计算任务在不同的硬件平台上运行的性能和能耗比是不一样的。一般而言,对于目标识别和跟踪的卷积运算而言,GPU 相对于 DSP 和 CPU 的性能更好、能耗更低,而对于产生定位信息的特征提取算法而言,使用 DSP 则是更好的选择。

因此,为了提高自动驾驶边缘计算平台的性能和能耗比,降低计算时延,采用异构计算是非常重要的。异构计算针对不同计算任务选择合适的硬件实现,充分发挥不同硬件平台的优势,并通过系统上层软件接口来屏蔽硬件多样性,如图 7.5 所示为不同硬件平台适合负载类型的比较。

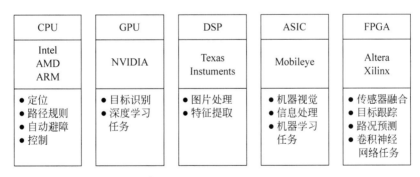

图 7.5 不同硬件平台负载类型的比较

3. 实时性

自动驾驶汽车对系统响应的实时性要求非常高,例如在危险情况下,车辆制动响应时间直接关系到车辆、乘客和道路安全。制动反应时间不仅包括车辆控制时间,而且包括整个自动驾驶系统的响应时间,例如给网络云端计算处理、车间协商处理的时间,也包括车辆本身系统计算和制动处理的时间。如果要使汽车在 100km/h 时速条件下的制动距离不超过 30m,则系统整体响应时间不能超过 100ms,这与最好的 F1 车手的反应时间接近。

将自动驾驶的响应实时地划分到对边缘计算平台各个功能模块的要求,包括以下几点。

(1) 对周围目标检测和精确定位的时间:15～20ms。

(2) 各种传感器数据融合和分析的时间:10～15ms。

(3) 行为和路径规划时间:25～40ms。

在整个计算过程中,都需要考虑网络通信带来的时延,因此由 5G 所带来的低时延高可靠传输(Ultra-Reliable and Low Latency Communications,URLLC)是非常关键的。它能够使自动驾驶汽车实现端到端低于 1ms 的时延,并且可靠性接近 100%。同时 5G 网络可以根据数据优先级来灵活分配网络处理能力,从而保证车辆控制信号传输保持较快的响应速度。

IBM、诺基亚和西门子公司于 2013 年合作打造的计算平台应用了 MEC 技术。MEC 技术通过移动网络边缘提供数据处理与计算服务,缩短了服务与移动用户之间的距离,从而加快了网络操作与服务交付。MEC 计算具有高宽带、低时延、近距离等特征,能够让无线网络依靠本地性能进行业务处理与运行指令的制定。MEC 系统由平台管理子系统、路由子系统、能力开放子系统和边缘云基础设施四部分构成,如图 7.6 所示。其中,边缘云基础设施是指分布在边缘侧的小型数据中心,其他子系统是 MEC 服务器的构成部分。

随着 IoT 的快速发展,万物互联时代即将到来,不同物体之间都能以智能化方式进行连接,智能设备可以通过传感器实现联网操作。MEC 能够将数据分析处理工作交由边缘端完成,为 IoT 进行物与物之间的连接提供支持。随着连接规模的扩大,数据量也会增加,这对数据储存及传输能力提出了更高的要求。拥有强大存储与计算能力的云计算能够提供有效的解决方案,然而,若将所有数据处理工作交

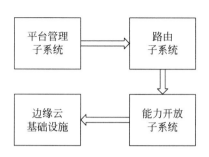

图 7.6 构成 MEC 系统的四部分

由云计算完成,则要利用网络把边缘端产生的海量信息都发送给云端平台,这种方式不仅耗时长,而且会增加传输成本。另外,如果把数据发送给云端,再由云端将指令传递给终端,则会降低数据处理与指令的发送效率。

在 IoT 数据持续增加的情况下,如果通过增设数据中心并扩大其规模进行海量数据的分析与处理,不仅需要投入更多的成本,而且会降低系统的可靠性。与之相比,MEC 的规模较小,并且与终端的距离更近,能够通过移动边缘进行数据存储与分析,将海量数据的处理工作交由应用端完成,无须增设大型数据中心。这不仅能够降低成本,而且能保证系统的可靠性。

综上所述,自动驾驶汽车拥有广阔的发展前景。MEC 利用边缘网络进行数据分析与服务提供,优化了网络资源的配置,提高了通信连接的效率及可靠性,加快了服务交付。依托 5G 技术,MEC 能够满足自动驾驶在数据存储、数据分析等过程中对网络通信服务的需求,为自动驾驶汽车提供有力的支持。

7.3 智能家居

▶10min

7.3.1 什么是智能家居

智能家居是以住宅为平台,兼具建筑设备、网络通信设备、信息家电,集系统、结构、服务、管理为一体的高效、舒适、安全、便利、环保的居住环境,如图 7.7 所示。智能家居利用计算机技术、网络通信技术和综合布线技术,将与家居生活有关的各种子系统有机地结合在一起,通过统筹管理优化人们的生活方式,帮助人们有效地安排时间,增强家居生活的安全性,并实现节能减排。

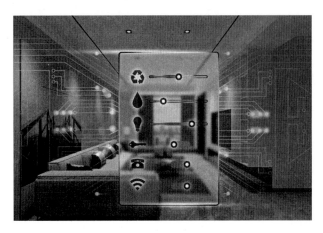

图 7.7 智能家居居住环境

智能家居是在互联网发展的影响之下产生的,是物联网在生活场景中的实际应用。智能家居通过物联网技术将家中的各种电器(例如灯、电视、音响、电动窗帘、空调等)连接在一起,利用物联网技术控制家电、照明、防盗报警、环境参数检测等。与普通家居相比,智能家居除了拥有传统家居的使用功能外,还具有网络通信、设备工作可视化、信息家电、设备的自动化等特性,能够为使用者提供与家居全方位的信息交互功能,同时还能够提高生活效率、节约能源等。一个智能家居系统的结构图如图 7.8 所示。

为了能够实现真正的智能家居,需要边缘计算。通过边缘计算能够将不同类型的智能设备有机地连接起来,通过数据转换聚合和机器学习等高级分析方法进行自主决策和执行,并对在日常生活中汇集的数据不断分析,从而演进自身的算法和执行策略,使智能家居越来越智慧。同时边缘计算也能够提供用户交互界面以更及时和友好的方式与用户进行交互。边缘计算在智能家居中主要包括三个层次

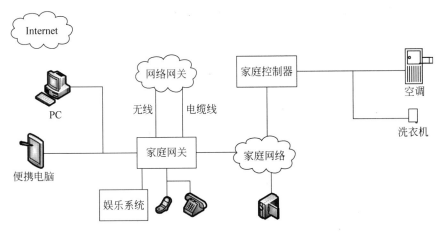

图 7.8　智能家居系统结构图

的意义。

1. 轻松管理家庭

（1）简化重复工作,降低重复率,节省时间。

（2）帮助人们更好地了解家庭资源并充分利用它们,从而节省金钱。

（3）降低人们由于需要记住预约活动或重复任务而带来的焦虑。

2. 丰富家庭生活

（1）扩展人们在某些兴趣活动上的技能。

（2）延伸人们在家庭生活中能覆盖的范围。

（3）帮忙人们始终保持对日常活动中紧急信息的了解。

3. 保证心理安定

（1）降低由于潜在的家庭资产损失导致的心理焦虑。

（2）消除对家庭中潜在危险的担心。

（3）提高对于家庭其他成员安全和健康的信心。

7.3.2　智能家居的边缘计算应用

一般智能家居边缘计算的硬件入口不止一个。例如,家庭中可能会包含个人计算机、All-In-One、家庭网关、智能语音助理或者音响等多个入口和边缘计算节点,因此,用户在构建自己的智能家居方案时,需要考虑如何尽可能地将智能设备和多个入口有机地连接起来,并用统一的方式进行控制和管理。

智能家居边缘计算架构主要包括的功能模块有设备接入和抽象、边缘分析引擎、本地规则引擎、设备管理、安全、云服务本地代理、应用框架,如图 7.9 所示。

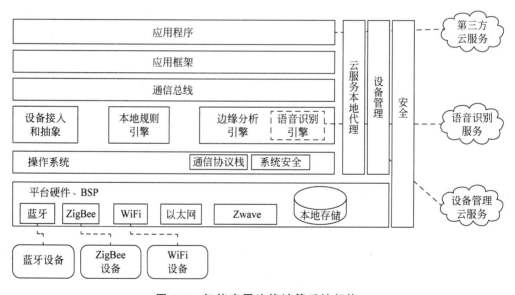

图 7.9　智能家居边缘计算系统架构

边缘计算低时延的特性可完美地应用于智能家居中需要及时响应的应用场景,如烟雾报警器,思科的 Packet Tracer 模拟器就是实现智能家居的一个很好的应用,智能家居利用边缘计算进行监控并根据家中监测到的烟雾浓度采取措施。

一般情况下,家庭网关充当所有家庭内部设备的集中器和路由器,并提供一个基于 Web 的界面,允许用户监视和控制各种智能家居设备,家居设备可以通过无线或有线方式连接到家庭网关,用户可通过家中的任何计算机,如平板计算机、智能手机、笔记本电脑或 PC,远程监视和控制智能家居中的设备。家庭网关通过无线连接各个智能设备,包括室内门窗、车库门、风扇/烟雾检测器。各个设备连到微控制器(Microcontroller Unit,MCU),由微控制器进行编程控制家居设备。

例如,业主在车库里停放了一辆汽车,发动汽车时会产生一氧化碳,这会增加车库内的一氧化碳浓度。智能家居的微控制器通过监测烟雾传感器测量的烟雾浓度读数,分析并决定是否给车库通风。在上述智能家居的应用场景中,边缘计算是最佳选择。

智能家居中央控制系统处理烟雾传感器产生的数据,并用其车库空气质量做出决定,而无须将传感器数据发送到云端进行处理。如果采用云端处理,则会延长响应时间,如果与互联网的连接中断,则整个系统会出现故障,还可能使用户面临生命危险。

智能家居的网关组件也可以认为是边缘计算的一种。对于在同一网关内的智能组件,网关可以处理这些组件收到的信息并根据用户设置或者习惯做出决策,控制执行组件执行相应动作。对于能够实现边缘计算的智能家居组件,部署在边缘计算上的自动化功能,在用户的外网断开时,功能依然不会受影响,这就避免了在断网时造成的智能家居系统瘫痪问题。

智能家居主要通过云端来连接、控制家中的智能设备,很多家庭局域网内的设备互动也通过云计算实现,但设备过度依赖云平台也会带来诸多问题,例如家里一旦出现网络故障,设备就很难进行控制。另外,通过云平台控制家中的设备,有时候响应速度慢,会带来很强的延迟,并且随着智能家居设备品类的增加,这一不良体验会越来越频繁。这时,边缘计算就能在智能家居领域大放异彩,它不仅能填补云计算目前的不足,在具体应用场景中还能满足更多需求,进一步提升计算效率。

一方面,有了边缘计算的支持,物联网对设备的控制就相当于人好于手的控制,可以直接通过大脑意识控制,因为当设备之间的联动通过局域网内的边缘计算实现时,边缘计算内的逻辑在云端上早有备份;另一方面,在智能家居不同产品的互动场景中,边缘计算也将充当网管或中控系统,通过云计算与边缘计算的协同,实现设备之间的互联互通、场景控制等需求。

智能家居通过将所有设备联网,产生了大量的实时数据,要将数据转换为具有商业价值的信息,对计算能力和存储空间的需要不断增加,这些一般由公共云供应商来提供,但是在云计算服务发展的过程中,数据传输及网络提速的费用也越来越高。如果对服务的实时性要求高,则对云计算服务来讲应对起来比较棘手。边缘计算能识别更加靠近网络边缘的分布式计算基础设施,它使边缘设备可以在本地运行应用并立即做出决策,可以降低网络传输数据的负担,在网络连接断开时,也可以使物联网设备继续运行,从而提高了系统恢复能力,还能防止将敏感数据传输到边缘以外,提高了系统的安全性。

智能家居的应用场景如下。

1. 安全监控

例如智能网络摄像头、智能猫眼、智能门锁等。智能网络摄像头能够通过人脸或特征识别功能来识别危险,拉响警报或提示家庭主人,并能够与本地或云端存储和应用服务连接,这样家庭主人也能够在离家时实时得知家中情况。

2. 智慧能源和照明

例如智能门窗、智能灯泡和恒温器。智能恒温器的代表是 Nest 恒温器。它是一款学习型的恒温器,内置多种传感器,可以不间断地监控室内的温度、湿度、光线及周围的环境变化。例如,它可以判断房间里是否有人,并以此决定是否开启温度调节设备。由于它具备学习能力,例如,每次在某个时间设定了温度它都会记录一次,经过一周的时间,它就能够学习和记住用户的日常作息习惯和温度喜好,并利用算法自动生成一个调节方案。只要你的生活习惯没有发生变化,就无须再手动设置恒温器。

3. 家庭娱乐

包括智能电视、PC 和手机游戏、虚拟现实及各种游戏终端等。对于家庭娱乐,一方面需要提高网络带宽,降低传输时延,从而提高用户体验,特别是对于 VR、网络游戏、2K 蓝光或 4K 超高清多媒体内容的播放等而言;另一方面需要管理和存储家庭多媒体内容,并能够方便无缝地在各种家庭终端设备上进行显示和播放。

4. 智慧健康

实现对于家庭成员健康不间断监测,协助进行健康分析和判断,并与家庭或社区医院进行信息同步或通信,例如老人或小孩看护等。

5. 智能家电

例如智能冰箱,在某种食材不足的时候能够自动识别出来,以及时通知家庭主人或实现自动下单补给。

根据对智能家居需求量最大且应用最为广泛的美国的统计结果,目前家庭对于安全监控、智慧能源和照明、智慧娱乐这三大应用场景的需求量是最大的。

【案例 7.3】 小米 IoT(MIoT)平台

小米 IoT 平台主要面向智能家居领域,其中包括智能家电、健康可穿戴设备、出行车载设备等产品,并通过小米智能路由器、小米 TV、米家 App 或者小爱同学智能助理等多个入口进行开放式控制。小米 IoT 平台开放智能硬件接入、智能硬件控制、自动化场景、AI 技术、新零售渠道等小米的特色优质资源,打造智能家居物联网平台。平台主要的开发者包括智能硬件企业、智能硬件方案商、语音 AI 平台，以及酒店、公寓、地产等企业。

1）生态企业接入方案

（1）设备直接接入。智能硬件通过嵌入小米智能模组或集成 SDK 的方式直接连接到小米 IoT 平台。平台支持 WiFi、BLE、2G/4G、ZigBee 等接入方式。

如图 7.10 所示，小米智能模组（MIIO 模组）中已内置标准的设备 SDK，并且将功能接口封装为串口通信指令格式。适用于自带 MCU 的控制功能相对简单的智能硬件。开发者可直接使用 MCU 对接小米智能模组，并按照标准格式通过串口向模组上报或读取数据。MIIO 模组负责与服务器以 JSON 形式通信，无须MCU 关心。

图 7.10　MIIO 模组图

设备 SDK 适用于带操作系统的、控制功能相对复杂的智能硬件，也适合无MCU、直接在模组中开发功能的智能硬件。SDK 中已经实现设备配网、账号绑定、云端通信、OTA 等功能，开发者只需调用接口并实现硬件自身的功能逻辑。

目前，主要开放的接入方式为 WiFi 和 BLE 两种。WiFi 适合较大带宽、低时延、交流供电的场景，如净水机、电饭煲、空调等大小电器。BLE 相对来讲适合低功耗、低成本的产品，像电池供电的传感器、穿戴式设备。

（2）云对云接入。开发者自有智能云与小米 IoT 平台对接，自有智能云后，其智能硬件连接也间接实现了与小米 IoT 平台的接入。

（3）应用接入。针对开发者的应用（包括 App、Web、AI、云）希望控制已接入小米平台的智能硬件，平台提供 Open API 或 SDK 供应用调用。

2）存储和规则引擎服务

（1）存储服务。包括文件存储微服务（FDS）、数据存储（SDS）、KV-OpenConfig。其中，FDS用于存储用户文件，类似AWS的S3，采用Bucket/Object数据模型，提供简洁的RESTful API。开发者可通过HTTP调用FDS的API，并且提供多种开发语言的SDK，支持多种身份认证机制（签名、OAuth 2.0和小米SSO认证）。SDS提供接口查询或存储设备上报的数据。KV-OpenConfig通过厂家ID、配置类别、配置ID获取对应的配置。

（2）规则引擎。MIoT提供的Serverless的框架，支持厂商在MIoT平台自定义功能逻辑。厂商不需要自己维护服务器、开发加解密逻辑与MIoT对接，直接将以函数为单位的逻辑提供到MIoT平台，规则引擎便会负责权限验证、扩容、监控。在函数里，可以直接调用MIoT提供的服务，接收用户、设备上报的数据，处理之后选择发送或存储到MIoT提供的存储中。函数托管在MIoT提供的机器上。规则引擎需要由一个事件触发函数的执行，目前支持的触发有设备上报事件、属性、米家App插件进行调用。

触发函数之后，可以调用MIoT开放的接口执行自己的业务逻辑，开放的功能包括厂商独立的Key-Value存储，获取设备状态、历史上报信息，推送消息到米家App发送到摄像头人像识别模块。

智能家居通过将所有设备联网，产生了大量的实时数据，要将数据转换为具有商业价值的信息，对计算能力和存储空间的需要不断增加，这些一般由公共云供应商来提供，但是在云计算服务发展的过程中，数据传输及网络提速的费用也越来越高。如果对服务的实时性要求高，对云计算服务来讲应对起来比较棘手。边缘计算能识别更加靠近网络边缘的分布式计算基础设施，它使边缘设备可以在本地运行应用并立即做出决策，可以降低网络传输数据的负担，在网络连接断开时，也可以使物联网设备继续运行，从而提高了系统恢复能力，还能防止将敏感数据传输到边缘以外，提高了系统的安全性。

7.4　协同边缘

7.4.1　协同边缘背景

在过去的十年里,研究人员和实践者将云计算视为事实上的大规模数据处理平台。许多以云为中心的数据处理平台利用了 MapReduce 编程框架,已被建议用于批处理和流式数据。近年来,我们见证了万物互联(Internet of Everything,IoE)时代的开始,在这个时代,数十亿个地理上分布的传感器和执行器连接在一起,并融入我们的日常生活中。作为 IoE 最复杂的应用之一,实时视频分析有望显著提高公共安全。视频分析利用来自视频数据内容的信息和知识满足特定的应用信息处理需求;随着公共安全社区大量采用这种技术,它提供了对市民安全和城市环境近乎实时的态势感知,包括自动化监控实时视频流的繁重任务,简化视频通信和存储,提供及时的警报,并使搜索大量视频档案的任务变得容易处理。但是,传统的以云为中心的数据处理模型在处理数据中心的所有 IoE 数据时效率低下,尤其是在响应延迟、网络带宽成本和可能的隐私问题方面,这是因为边缘设备会产生大量数据造成的。另外,数据很少在多个利益相关方之间共享——尽管视频数据分析可以利用许多数据源做出明智的决策,但各种问题限制了视频分析的实际部署。此外,没有一个有效的数据处理框架,让社区能够跨地理分布的数据源轻松地为公共安全应用程序编程和部署。

或许边缘计算可以成为改变这项技术的一大福音。边缘计算的新兴领域是指"允许在网络边缘对代表云服务的下游数据和代表 IoE 服务的上游数据执行计算的使能技术"。它补充了现有的云计算模型,并支持在数据源附近进行数据处理,这对于在近距离而不是在远程云中利用计算资源的延迟敏感型应用来讲是大有可为的。

　　云计算和边缘计算都是未来计算设备的主角,被大多数数据处理场景所采用,然而,它们背后的一个重要事实或基本假设是数据由单个利益相关者拥有,用户或数据拥有者有对数据的完全控制权限。在云计算中,由于隐私和数据传输成本,数据拥有者很少与他人分享数据。边缘可以是物理上具有数据处理能力的一种微型数据中心,连接云端和边缘端。协同边缘是连接多个数据拥有者的边缘,这些数据拥有者在地理上是分布的,但具有各自的物理位置和网络结构。类似于点对点的边缘连接方式,在数据拥有者之间提供数据的分享。云计算要求用户在云中运行其应用程序之前预先加载数据到数据中心,然而边缘计算处理数据在网络边缘,但是需要严格控制数据的处理和消耗。由多个利益相关者拥有的数据由于各种原因很少共享,例如安全考虑、利益冲突、隐私问题和资源限制等。

　　以互联健康合作为例,医院托管的患者健康记录和保险公司拥有的客户记录对患者和客户具有高度私密性,很少共享。如果保险公司能够获得其客户的健康记录,保险公司可以根据其客户的健康记录为其客户发起个性化健康保险。另一个例子是在城市中寻找失物,其中使用来自城市中多个数据所有者的视频流来寻找丢失的对象。为了识别具体的失物,警察局从街道上的监控摄像头、零售商、个人智能手机或汽车行车记录仪中手动收集视频数据是很常见的。如果所有这些数据都可以无缝共享,就可以节省大量的人工工作,并以实时的方式标识对象。此外,仅仅复制数据或运行第三方提供的分析应用程序对利益相关者的数据可能违反隐私和安全限制。不幸的是,上面提到的这些都不能通过单独利用云计算或边缘计算轻易实现。

　　为了解决上述问题,本节提出了 Firework 大数据处理框架。具体来讲,就是实现了多个边缘节点之间的协作机制,用于实时数据处理,并实现了一个编程接口,用于根据应用程序定义的网络拓扑来构建定制的任务调度策略。

7.4.2　Firework 框架

Firework 是一个大数据处理框架,在混合云边缘环境中由多个利益相关者共享。考虑边缘设备产生的数据量,它被用来处理边缘网络的数据去减少响应延迟和网络带宽消耗。为了简化协同云边缘应用程序的开发,Firework 提供了一个统一的编程接口来开发 IoE 应用程序。为了利用现有的服务,用户实现一个驱动程序,而 Firework 通过集成的服务发现并自动调用相应的子服务。下面详细介绍一下 Firework 术语。

Firework:这是 Firework 范例的一个操作实例。一个 Firework 实例可能包含多个 Firework 节点和 Firework 管理器,这取决于拓扑结构。图 7.11 显示了由5 个 Firework 组成的 Firework 实例的示例,包括一个 Firework 节点和一个采用异构计算平台的 Firework 管理器。Firework 节点和 Firework 管理器在某种意义上是同义的。如果所有 Firework 节点都在边缘设备上托管,它将是一个完整的边缘计算平台;如果它们托管在云虚拟机上,它将是一个完整的云平台。此外,一些Firework 节点能够在边缘设备上托管,一些能够在云虚拟机上托管,从而形成边缘云协作平台。

Firework.view:Firework 视图被定义为数据集和函数的组合,受面向对象编程的启发。数据集描述了由边缘设备生成的数据及存储在边缘或云中的历史数据。这些函数定义了数据集上适用的操作。Firework 在同一类型的数据集上实现相同功能的多个数据所有者可以采用的视图。

Firework.node:Firework.node 是实现 Firework.view 的设备,它分配包括中央处理器、内存和网络在内的计算资源来运行(子)服务,(子)服务是在 Firework节点上运行的工作者。节点可能只有数据生产者,例如传感器和移动设备,它们发布感知数据而不进行分析,而它继承了 Firework.view,是一个数据消费者。在这种情况下,它使用其他函数作为数据源。这里,Firework. node 同时是数据生产者和数据消费者,因此它感知数据并提供处理后的数据。

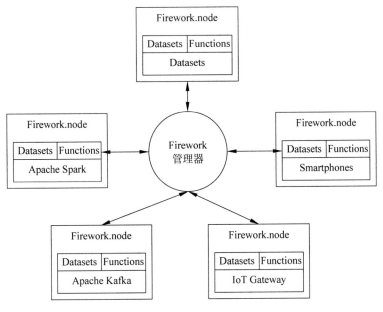

图 7.11　Firework 实例图

Firework. manager:首先提供了集中的服务管理,以监督注册的 Firework。由 Firework. node 实现的 Firework. view 应该注册到 Firework. manager。第一,它还管理建立在这些 view 之上的部署服务。第二,它充当将任务分派给 Firework 的作业跟踪器。它将监视 Firework 节点的计算资源,并通过多个 Firework 之间的动态工作负载平衡来优化运行(子)服务,这取决于资源使用和用户干预。第三,它向用户公开可用的服务,以便这些用户可以利用现有的服务来编写自己的应用程序。

Distributed Shared Data(DSD):边缘设备生成的数据和存储在云端的历史数据都可以成为共享数据的一部分。DSD 提供了整个共享数据的虚拟视图。值得注意的是,利益相关者可能对 DSD 有不同的看法。

Fireworks 和 Fireworks. view 作为一个主要概念被描述为 class-like 实体,可以很容易被扩展,Firework. node 能够通过大量的计算基础设施实现,包括大数据计算引擎、分布式消息队列在云计算、智能手机和 IoE 网关的边缘设备。Firework. manager 是允许用户部署和执行其服务的 Firework 实例的访问点。Firework. node 和 Firework. manager 都可以被部署在同一个计算节点上,其中边缘节点不仅从执行器的角度来看是数据消费者,而且从云的角度来看是数据生产者。为了实现上述抽象概念,我们将其概括为一个层次抽象。为了支持更多功能,对以前的 Firework 版本进行了扩展。与以前版本的 Firework 一样,设计了一个三层架构,如图 7.12 所示。由 Service Management、Job Management 和 Executor Management 组成。Service Management 层执行服务发现和部署,并且添加了一个称为访问控制的新模块,为 Firework 中的其他节点提供统一的接入点。Job Management 层管理在计算节点上运行的任务,Service Management 和 Job Management 结合履行一个 Firework. manager 的职责。Executor Management 层展示了一个 Firework. node,用于管理计算资源。

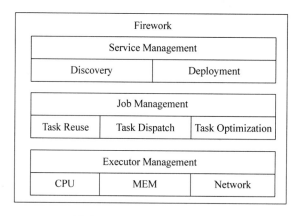

图 7.12　Firework 三层架构

7.4.3　Firework 应用

在扩展了以前版本的 Firework 之后,研究人员开发了一个名为安珀(AMBER)

警报助手——A3 的应用程序。A3 将城市中的摄像头捕获的视频数据传输至边缘服务器上,或本地多台设备合作式地对视频进行分析,以车牌号码为特征进行搜索,并且可以根据道路拓扑和时间自适应地扩大或缩小追踪区域。在收到警方的安珀警报后,A3 通过分析全市范围内摄像头的视频数据自动跟踪嫌疑人的车辆,并自动控制跟踪区域。整个系统网络结构如图 7.13 所示,摄像头和边缘服务器处于同一局域网内,从而可以获得较好的网络质量及较低的网络时延,而视频数据将会在摄像头相连的几个设备上进行计算并完成,因此可避免视频数据上传至云端带来的高数据通信量和由此引起的高传输时延问题。

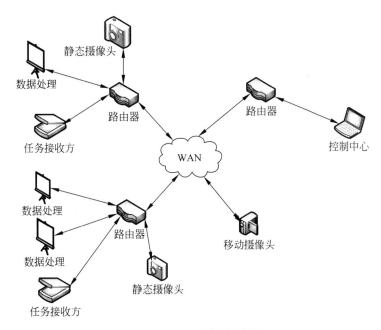

图 7.13　A3 系统架构图

由于车辆行驶的特殊性,其在不同的道路上限速不同,因此,在不同的道路上应当有不同的追踪速度。其中部分研究人员在其边缘分布式协同执行及 AMBER Alerts 的应用工作中,通过配置文件可以自定义超时时间——摄像头向周边摄像头转发搜索任务的时间间隔,从而使网络可以自如地扩大和缩小搜索范围。同时,在该网络中,使用的是分布式协同平台和集中式协调平台的融合模式。在视频处理的本地边缘节点处,使用的是集中式协同平台,以达到合作式的实时视频处理,而在搜索任务的扩散上,使用的是分布式协同平台——每个摄像头相关的边缘节点自行定义向其他摄像头节点扩散任务的超时时间,而任务的最初发布,可以向网络中任意的节点进行发布,任务会自行通过网络传达到指定的节点开始搜索任务。同时也会部署一个任务扩散节点在云端,提供一个更加可靠的网络访问接口,所以这里的分布式协同平台是"一云一边"合作的分布式协同平台。

A3 使用集中式协同平台进行实时的视频分析,主要考虑的是其节点都是本地的设备,并且数目较少,管理较为方便,而在任务的扩散上使用分布式协同平台,主要是为了避免当监控摄像头数目增多后(如三万师生的高校可能部署了近40 000 台联网的摄像头),同时执行多个搜索任务的情况给中心节点带来较大负担。

在 A3 应用中,目标是实时地搜索及追踪车辆,为了避免数据到云端的传输时延,将计算推至边缘端。当将计算推至边缘端时,紧接着会面临计算能力的不足,因此,采用集中式的方案,通过 Firework 模型从本地寻求更多的计算资源,以达到边缘端的实时处理;而为了更好地追踪车辆,在任务的搜索中,使用分布式的方案,降低云端的实时处理。

7.5 边缘计算机遇与挑战

7.5.1 边缘计算发展前景

边缘计算现在已经应用到很多领域。边缘计算解决了数据量和时延的问题,所以跟这两方面有关的很多应用是边缘计算的应用领域,例如室内的定位、无线网络信息服务、视频优化、AR/VR 等大数据量的数据处理,以及车联网、智能制造等领域。

工业领域对时延的要求很高。工业互联网里面的很多机器人及园区的监控等对时延很敏感。在车联网应用方面,瞬间的时延可能造成的后果就是车辆制动不及时,多向前开了几米,然后发生事故,造成人车受到伤害。边缘计算在此类场景中有非常高的应用价值。

提到边缘计算的时候都会提到"云网结合"。这个词实际上是边缘计算的本质。云其实就是信息技术(IT),网就是通信(CT),边缘计算是 IT 和 CT 进行融合的一个结果,二者缺一不可。MEC 具备云的特点,同时本身又是网的一个组成部分,它是云和网共同融合的产物。如果想要边缘计算正常工作,则肯定离不开云和网的共同协作。

虽然说表面上看是云和网共同合作产生的 MEC,但是本质上讲,云和网对边缘计算都有利益关系。像传统的联想、戴尔、英特尔、浪潮这些典型的 IT 企业对 MEC 非常感兴趣,因为它们是传统的云计算厂商,突然间发现有一个新的"蓝海",肯定会全力投入抢占市场。但是,传统的通信厂商也会来抢这个蛋糕,华为和中兴这样的 ICT 硬件厂商也在边缘计算中发现机会。大家都觉得边缘计算跟自己有关系,都想去获得份额。这就是边缘计算在 IT 和通信领域都很受追捧的原因。

除了云网融合之外,还有一个词是"边云协同",如图 7.14 所示,边缘计算和云计算之间其实是有连接的,即协同关系。图 7.14 中提到业务流协同、安全协同、数据协同、资源协同等,两者之间有很多协同关系,它们通过共同的协同实现边缘服务、部署、弹性伸缩等相关的管理。

现在边缘计算正处于风口,但是大家肯定会发现,其实边缘计算能做的事情并没有想象中那么多。边缘计算现在还在发展,可能从最开始大家纷纷关注到逐渐恢复常态,然后慢慢地进入上升态。确实有趋势显示,边缘计算会有一个很好的未来。有研究机构表示,未来的计算中 40% 由边缘计算来完成,有 60% 由云计算来

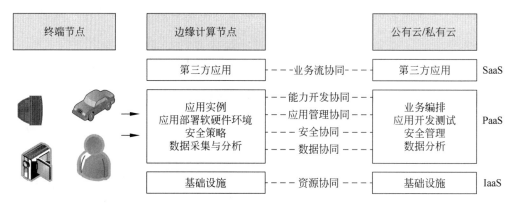

图 7.14   边缘计算和云边协同

完成,也就是说边缘计算和云计算之间是一个相互补充的关系。

7.5.2   未来挑战

移动边缘计算为各类物联网应用在网络的边缘提供服务交付,具有可移动性、异质性、位置感知、强伸缩性、低延迟和广进分布等特点。一般来讲,其目的是减少传输数据量、降低时延、提高应用的执行速度、改善服务质量和用户体验等。移动边缘计算的出现弥合了远程数据中心和移动设备之间的差距,在带来技术优势的同时,也带来了新的挑战。在数据和控制层面,实时功能、设备间通信、边缘缓存、以客户为中心的控制及灵活开发等都需要通过边界和核心之间的接口实现。在应用层面,由自主代理引起的潜在不稳定性、不一致性和异构性,以及局部和全局协同之间的权衡问题等都必须加以解决。

1. 系统架构

移动边缘计算在系统架构方面存在以下主要挑战。

(1) 笼式安全。移动边缘计算中的资源面临的首要挑战是如何保证其安全等级与在运营商完全控制下的安全水平相同。例如,在极端情况下,操作者可能将计算机锁定在物理笼中,禁止任何没有笼子钥匙的人进入。那么只有硬件和软件的支持,是否可以实现与物理笼级别相同的安全保障? 当资源完全转移到边缘时,对这种安全级别的影响是什么? 这是一个有待首要考虑并解决的问题。

(2) 数据压缩和有效性。带宽使用的减少与结果数据的有效性之间存在着密切的关系。靠近源头的数据被压缩得越多,通过网络传输的数据就越少,但对于最终应用来讲,这些数据的有效性可能就越小,然而,大多数的移动边缘计算应用场景涉及高容量数据。这就需要考虑数据压缩方案的可用性,以及如何将数据的有效性进行分析建模或表示。数据可能具有寿命或保质期,智能数据知道自身的重要性,并在认为不重要时能够进行自我毁灭。

(3) 权衡定理。移动边缘计算的基本属性有移动性、延迟、性能/容量和隐私,这 4 个因素之间可能存在着基本的制约关系,如可能能够实现其中 3 个,但不能实现全部,或者可能存在直接对立的因素。因为高性能就意味着高延迟,而提高隐私性也意味着延迟的增加。边缘计算的权衡定理是一个有趣的智力挑战,因素的影响关系需要视不同场景而定。

(4) 数据源。数据源是指数据的产生方式,如输入源、程序、涉及的用户及其他因素等。在移动边缘计算的环境中,数据源还存在另一个问题,即数据的使用。例如,数据可能涉及不同的管理领域,所以即使视频未被修改,执法部门也希望知道谁查看了特定的监控视频。此外,数据源本身的完整性也至关重要。

(5) 在网络边缘启用 QoS。应用/服务可能使用终用户端和多个边缘云的计算资源,如何保证端到端的服务质量(Quality of Service,QoS)呢? 此外,因为这些资源可能由不同的供应商提供和经营,所以一个激励提供商合作并激励程序开发人员有效利用资源的新机制是有必要的。如果没有供应商之间的相互合作,当需要一个特定程序的端到端延迟时,应用程序开发人员必须对应用程序的计算和通信要求进行说明,与供应商分别协商服务等级协议并相应地使其不同部分映射不同的计算资源,以便满足端到端的延时需求。这种情况下,所开发的应用程序的部署不仅昂贵还可能过度配置,而且不易扩展。

2. 服务与应用

移动边缘计算在系统架构方面存在以下主要挑战。

(1)命名、识别和发现资源。边缘服务具有数据处理、分析和智能认知功能,通常以分布式方式位于网络的边缘。分布式系统的传统挑战也同样存在于移动边缘计算网络中,包括命名、识别。

(2)标准化的 API。当边缘计算资源来自于不同的供应商时,为了实现正常的沟通与协同,API 需要被标准化。

(3)激励机制。边缘计算服务与传统的网络服务(如中间件)或云服务不同,它需要更好的商业模式和激励方案以鼓励用户采用边缘计算应用。

(4)实时处理和通信。尽管大多数边缘计算应用需要实时处理和通信,但由于边缘计算设备的计算和通信能力有限,实现实时的视频分析和活动分析就变得比较困难了。

(5)应用程序开发和测试工具。鉴于应用场景的多样性,开发出可适应各种环境并可处理性能/服务的故障弱化的应用程序具有一定的挑战性。此外,由于边缘计算应用程序仍处于起步阶段,为促进应用程序的开发,提供基础设施的工具和潜在的开放标准显得同样重要。

(6)边缘服务生态系统。设想有一个开放的生态系统:第三方包装和分发边缘服务,类似于移动应用程序;终用户端浏览、下载和安装适合各自边缘基础设施的各种边缘服务,类似终用户端使用在线应用商店下载各种应用。根据客户需求及成本为其选择最佳服务的边缘服务子代理人将变得相当重要。

3. 安全与隐私

移动边缘计算在安全与隐私方面存在以下主要挑战。

（1）身份认证。这是移动设备安全的基本要求，然而，许多资源受限的终端没有足够的内存和CPU来执行身份验证协议所需的加密操作。虽然传统的基于公钥基础设施PKI的身份验证可以解决安全通信问题，但是对于物联网系统来讲，它不能够很好地得以扩展。

（2）信任机制。随着边缘服务数量的增多，有关如何评估服务的可信赖性并处理不可信任服务的研究将越来越重要。移动边缘计算自身固有的特性会出现的问题：①无法确定可以在多大程度上信任终端设备；②没有有效的机制可以衡量什么时候该如何信任终端设备；③在没有信任度量的情况下，用户可能会考虑是否要放弃使用某些物联网服务，因此，培养移动设备之间的信任为建立安全环境起着核心性作用，需要解决如何维持服务可靠性、防止意外失败、正确处理和识别不正当行为等问题。

（3）恶意节点检测。恶意的计算节点可能会伪装成合法节点来交换和收集其他物联网设备所生成的数据，也有可能会滥用用户的数据或向相邻节点提供恶意数据以破坏其行为。由于信任管理的复杂性，在物联网环境下出现这个问题可能会变得更加困难。

（4）数据隐私。移动边缘计算环境中用户信息的隐私泄露（如数据、位置和生成模式）正在引起研究界的关注。资源受限的物联网设备缺乏加密或解密生成数据的能力，这使它更容易遭受攻击。一些基于位置的应用服务，特别是移动计算应用程序，敌人可以根据通信模式推断物联网设备的位置。此外，随着移动设备数量的增加，所产生的数据量也呈指数增长。这些海量数据不仅被保存在通信层，还将保存在处理层，因此，要保证在处理中和处理后数据的完整性。同时，还要保护用户对设备中某些应用生成数据的使用模式。例如，在智能电网中，可以通过智能电表的读数来揭示客户端的许多使用模式,如家庭中有多少人,什么时候打开电视或者什么时候在家等。许多隐私保护方案已经在不同的应用中被提出,如智能电网、医疗保健系统和车联网等,然而,在移动边缘计算环境下如何提供有效和高效的隐私保护机制及技术还有待解决。

(5)入侵检测和访问控制。入侵检测可以通过检测不当行为或恶意的移动设备,通知网络中的其他设备采取适当的措施。移动边缘计算本身的特性使其更难以发现内部和外界的攻击。访问控制是另一项安全技术,用于确保只有被授权的实体才可以访问特定的资源。移动边缘计算也需要访问控制技术,以确保只有受信任的参与者才能完成给定操作,如访问设备数据、给另一个设备发布指令和更新软件等。关键的挑战是如何设计并优化一套检测系统,使其应用在大规模、广泛地理分布和高度移动的移动边缘计算中。

7.6 本章小结

本章介绍了基于边缘计算模型设计的若干应用场景及边缘计算未来的机遇和挑战。智慧城市、自动驾驶、智能家居等集中处理是云计算不擅长处理的场景,边缘计算可以有效地加以改善。通过边缘计算,一些应用市场可以更加智慧,边缘计算也有一个很好的未来,在未来社会中,边缘计算将无处不在。

附录 A

缩 略 词

英文缩写	英文全称	中文释义
第 1 章		
AR	Augmented Reality	增强现实
5G	5th-Generation	第五代移动通信
CDN	Content Delivery Network 或 Content Distribute Network	内容分发网络
ECC	Edge Computing Consortium	边缘计算产业联盟
ETSI	European Telecommunications Standards Institute	欧洲电信标准协会
IDC	International Data Corporation	国际数据公司
IoT	Internet of Things	物联网
MEC	Mobile Edge Computing	移动边缘计算
MIT	Massachusetts Institute of Technology	麻省理工学院
NRDC	Natural Resources Defense Council	自然资源保护委员会
P2P	Peer-to-Peer computing	对等计算模型
RAN	Radio Access Network	无线电接入网络
RFID	Radio Frequency Identification	射频识别
SaaS	Software as a Service	软件即服务
VR	Virtual Reality	虚拟现实

续表

英文缩写	英文全称	中文释义
第 2 章		
ABE	Attribute-Based Encryption	基于属性加密
D2D	Device-to-Device	终端直通
DVFS	Dynamic Voltage and Frequency Scaling	动态电压频率调整
EC	Edge Computing	边缘计算
FHE	Fully Homomorphic Encryption	全同态加密
FO	Full Offloading	完全卸载
HetMEC	Heterogeneous multi-layer MEC	异构多层移动边缘计算
LE	Local Execution	本地执行
MDC	Micro Data Center	微数据中心
MDP	Markov Decision Process	马尔可夫决策过程
PNINL	Pacific Northwest National Laboratory	太平洋西北国家实验室
PO	Partial Offloading	部分卸载
PRE	Proxy Re-Encryption	代理重加密
SCeNB	Small Cells eNodeB	小基站
SE	Searchable Encryption	可搜索加密
TPA	Third Party Auditor	第三方审计平台
UE	User Equipment	用户设备
第 3 章		
AAA	Authentication、Authorization、Accounting	认证授权计费
AES	Advanced Encryption Standard	高级加密标准
AMQP	Advanced Message Queuing Protocol	高级消息队列协议
AP	Application Plane	应用平面
BS	Block Storage	块存储
CP	Control Plane	控制平面
DCB	Data Center in a Box	"小云"（盒中数据中心）
DP	Data Plane	数据平面
DS	Database Service 或 Device Service	数据库服务
FC	Function Cache	功能缓存
IS	Image Service 或 Identity Service	镜像服务/身份服务
LOM	Lights Out Management	熄灯管理
MP	Management Plane	管理平面

续表

英文缩写	英文全称	中文释义
第 3 章		
ONF	Open Networking Foundation	开放网络基金会
OS	Object Storage	对象存储
SDN	Software Defined Network	软件定义网络
TSI	Thing Shadows Implementation	物影操作
TSN	Time Sensitive Network	实时网络
VM	Virtual Machine	虚拟机
第 4 章		
AWS	Amazon Web Services	亚马逊 Web 服务
DHT	Distributed Hash Table	分布式哈希表
GCE	Google Compute Engine	谷歌计算引擎
NIST	National Institute of Standards and Technology	国家标准与技术研究院
PaaS	Platform as a Service	平台即服务
IaaS	Infrastructure as a Service	基础架构即服务
RAM	Random Access Memory	物理随机存储器
SC	Service Composition	服务组合
MA	Microsoft Azure	微软云平台
第 5 章		
PAC	Programmable Automation Controllers	可编程自动化控制器
RA	Reference Architecture	参考架构
RAS	Reliability、Availability、Serviceability	可靠性、可用性、可维护性
第 6 章		
BS	Base Station	基站
M2M	Machine to Machine	机器对机器
MAEC	Multi-Access Edge Computing	多接入边缘计算
MECISG	Mobile Edge Computing Industry Specification Group	移动边缘计算规范工作组
MIMO	Multiple Input Multiple Output	多输入多输出
NFV	Network Function Virtualization	网络功能虚拟化
OTT	Over The Top	加速

续表

英文缩写	英文全称	中文释义
第 6 章		
RNC	Radio Network Controller	无线网络控制
SINR	Signal to Interference plus Noise Ratio	信号与干扰加噪声比
UC	Uplink Classifier	上行流量分类器
VNF	Virtual Network Function	虚拟网络功能
第 7 章		
DSD	Distributed Shared Data	分布式共享数据
IoE	Internet of Everything	万物互联
ITS	Intelligent Traffic Systems	智能交通系统
IVHS	Intelligent Vehicle Highway System	智能车辆道路系统
MCU	Microcontroller Unit	微控制器
QoS	Quality of Service	服务质量
TEC	Thermo-Electric Cooling	热电制冷
URLLC	Ultra-Reliable and Low Latency Communications	低时延高可靠传输
VPC	Virtual Private Cloud	虚拟私有云

参 考 文 献

[1] CAO J,ZHANG Q,SHI W. Edge Computing:A Primer[M]. New York: Springer,2018.

[2] ARMBRUST M,FOX A,GRIFFITH R,et al. A View of Cloud Computing[J]. Communications of the ACM,2010,53(4):50-58.

[3] ATZORI L,IERA A,MORABITO G. The Internet of Things:A Survey[J]. Computer Networks,2010,54(15):2787-2805.

[4] 施巍松,刘芳,孙辉,等.边缘计算[M].北京:科学出版社,2018.

[5] 施巍松,孙辉,曹杰,等.边缘计算:万物互联时代新型计算模型[J].计算机研究与发展,2017,54(5):907.

[6] CHIANG M,ZHANG T. Fog and IoT:An Overview of Research Opportunities[J].IEEE Internet of Things Journal,2016,3(6):854-864.

[7] ABBAS N,ZHANG Y,TAHERKORDI A,et al. Mobile Edge Computing:A Survey[J].IEEE Internet of Things Journal,2017,5(1):450-465.

[8] 佟兴,张召,金澈清,等.面向端边云协同架构的区块链技术综述[J].计算机学报,2021,44(12):22.

[9] 谢人超,黄韬,杨帆,等.边缘计算原理与实践[M].北京:人民邮电出版社,2019.

[10] 雷葆华,孙颖,王峰,等.CDN 技术详解[M].北京:电子工业出版社,2014.

[11] THOMAS E,ZAIGHAM M,RICARDO P.云计算:概念、技术与架构[M].龚奕利,贺莲,胡创,译.北京:机械工业出版社,2014.

[12] 俞一帆,任春明,阮磊峰.5G 移动边缘计算[M].北京:人民邮电出版社,2020.

[13] 王尚广,周傲,魏晓娟,等.移动边缘计算[M].北京:北京邮电大学出版社,2020.

[14] 史皓天.一本书读懂边缘计算[M].北京:机械工业出版社,2020.

[15] 方娟,陈锬,张佳玥,等.物联网应用技术(智能家居)[M].北京:人民邮电出版社,2021.

[16] 陈国嘉.智能家居:商业模式+案例分析+应用实战[M].北京:人民邮电出版社,2016.

[17]   赵玲,张丹辉.物联网＋智能家居：移动互联技术应用[M].北京：化学工业出版社,2017.

[18]   卜向红,杨喜爱,古家军,等.边缘计算：5G 时代的商业变革与重构[M].北京：人民邮电出版社,2019.

[19]   AL-TURJMAN,FADI. Edge Computing：From Hype to Reality[M]. New York：Springer,2018.

[20]   AMIR M,RAHMANI. Fog Computing in the Internet of Things Intelligence at the Edge[M]. New York：Springer,2018.

[21]   ZAIGHAM M. Fog Computing Concepts,Frameworks and Technologies[M]. New York：Springer,2018.

[22]   MACH P,BECVAR Z. Mobile Edge Computing：A Survey on Architecture and Computation Offloading[J]. IEEE Communications Surveys & Tutorials,2017,19(3)：1628-1656.

[23]   VILLALPANDO L E B,APRIL A,ABRAN A. Performance Analysis Model for Big Data Applications in Cloud Computing[J]. Journal of Cloud Computing,2014,3(1)：1-20.

[24]   BILAL K,MALIK S U R,KHALID O,et al. A Taxonomy and Survey on Green Data Center Networks[J]. Future Generation Computer Systems,2014,36：189-208.

图 书 推 荐

书 名	作 者
鸿蒙应用程序开发	董昱
HarmonyOS 应用开发实战(JavaScript 版)	徐礼文
鸿蒙操作系统开发入门经典	徐礼文
鸿蒙操作系统应用开发实践	陈美汝、郑森文、武延军、吴敬征
HarmonyOS 移动应用开发	刘安战、余雨萍、李勇军,等
JavaScript 基础语法详解	张旭乾
华为方舟编译器之美——基于开源代码的架构分析与实现	史宁宁
鲲鹏架构入门与实战	张磊
华为 HCIA 路由与交换技术实战	江礼教
Android Runtime 源码解析	史宁宁
深度探索 Go 语言——对象模型与 runtime 的原理、特性及应用	封幼林
Flutter 组件精讲与实战	赵龙
Flutter 组件详解与实战	[加]王浩然(Bradley Wang)
Flutter 实战指南	李楠
Dart 语言实战——基于 Flutter 框架的程序开发(第 2 版)	亢少军
Dart 语言实战——基于 Angular 框架的 Web 开发	刘仕文
IntelliJ IDEA 软件开发与应用	乔国辉
Vue+Spring Boot 前后端分离开发实战	贾志杰
Vue.js 企业开发实战	千锋教育高教产品研发部
Python 从入门到全栈开发	钱超
Python 全栈开发——基础入门	夏正东
Python 游戏编程项目开发实战	李志远
Python 人工智能——原理、实践及应用	杨博雄 主编,于营、肖衡、潘玉霞、高华玲、梁志勇 副主编
Python 深度学习	王志立
Python 预测分析与机器学习	王沁晨
Python 异步编程实战——基于 AIO 的全栈开发技术	陈少佳
Python 数据分析实战——从 Excel 轻松入门 Pandas	曾贤志
Python 数据分析从 0 到 1	邓立文、俞心宇、牛瑶
Python Web 数据分析可视化——基于 Django 框架的开发实战	韩伟、赵盼
Python 玩转数学问题——轻松学习 NumPy、SciPy 和 matplotlib	张骞
Pandas 通关实战	黄福星
深入浅出 Power Query M 语言	黄福星
FFmpeg 入门详解——音视频原理及应用	梅会东
云原生开发实践	高尚衡
虚拟化 KVM 极速入门	陈涛
虚拟化 KVM 进阶实践	陈涛
物联网——嵌入式开发实战	连志安
人工智能算法——原理、技巧及应用	韩龙、张娜、汝洪芳

图 书 推 荐

书　名	作　者
跟我一起学机器学习	王成、黄晓辉
TensorFlow 计算机视觉原理与实战	欧阳鹏程、任浩然
分布式机器学习实战	陈敬雷
计算机视觉——基于 OpenCV 与 TensorFlow 的深度学习方法	余海林、翟中华
深度学习——理论、方法与 PyTorch 实践	翟中华、孟翔宇
深度学习原理与 PyTorch 实战	张伟振
ARKit 原生开发入门精粹——RealityKit＋Swift＋SwiftUI	汪祥春
HoloLens 2 开发入门精要——基于 Unity 和 MRTK	汪祥春
Altium Designer 20 PCB 设计实战（视频微课版）	白军杰
Cadence 高速 PCB 设计——基于手机高阶板的案例分析与实现	李卫国、张彬、林超文
Octave 程序设计	于红博
ANSYS 19.0 实例详解	李大勇、周宝
AutoCAD 2022 快速入门、进阶与精通	邵为龙
SolidWorks 2020 快速入门与深入实战	邵为龙
SolidWorks 2021 快速入门与深入实战	邵为龙
UG NX 1926 快速入门与深入实战	邵为龙
西门子 S7-200 SMART PLC 编程及应用（视频微课版）	徐宁、赵丽君
三菱 FX3U PLC 编程及应用（视频微课版）	吴文灵
全栈 UI 自动化测试实战	胡胜强、单镜石、李睿
pytest 框架与自动化测试应用	房荔枝、梁丽丽
软件测试与面试通识	于晶、张丹
智慧教育技术与应用	［澳］朱佳(Jia Zhu)
敏捷测试从零开始	陈霁、王富、武夏
智慧建造——物联网在建筑设计与管理中的实践	［美］周晨光(Timothy Chou)著；段晨东、柯吉译
深入理解微电子电路设计——电子元器件原理及应用（原书第 5 版）	［美］理查德·C. 耶格(Richard C. Jaeger)、［美］特拉维斯·N. 布莱洛克(Travis N. Blalock)著；宋廷强译
深入理解微电子电路设计——数字电子技术及应用（原书第 5 版）	［美］理查德·C. 耶格(Richard C. Jaeger)、［美］特拉维斯·N. 布莱洛克(Travis N. Blalock)著；宋廷强译
深入理解微电子电路设计——模拟电子技术及应用（原书第 5 版）	［美］理查德·C. 耶格(Richard C. Jaeger)、［美］特拉维斯·N. 布莱洛克(Travis N. Blalock)著；宋廷强译